国际时尚设计丛书·服装

时装设计元素

口袋专题设计

［美］阿德里亚娜·高利（Adriana Gorea）

［美］卡蒂亚·罗尔萨（Katya Roelse）

［美］玛莎·L. 霍尔（Martha L.Hall） 著

袁燕 董怡 译

中国纺织出版社有限公司

内 容 提 要

本书通过对于常见服装设计元素口袋的全面解读和描写，为读者获取专业设计方面的知识提供帮助。书中主要包括概述、历史的透视、文化类服装的口袋、功能性服装的口袋、运动服装的口袋、高级女装的口袋、成衣的口袋等多部分内容，并融入大量口袋设计案例分析，综合、多维地激发和开拓服装设计专业学生的眼界，提升审美意识和设计能力。

本书可作为服装设计及相关专业的课程教材，也可作为时尚爱好者的学习参考用书。

原文书名：The Book of Pockets
原作者：Adriana Gorea, Katya Roelse, Martha L. Hall

著作权合同登记号：图字：01-2021-1125

图书在版编目（CIP）数据

时装设计元素．口袋专题设计 /（美）阿德里亚娜·高利（Adriana Gorea），（美）卡蒂亚·罗尔萨（Katya Roelse），（美）玛莎·L. 霍尔（Martha L. Hall）著；袁燕，董怡译．-- 北京：中国纺织出版社有限公司，2024.9. --（国际时尚设计丛书）. -- ISBN 978-7-5229-2055-9

Ⅰ. TS941.2

中国国家版本馆CIP数据核字第2024NR8407号

责任编辑：孙成成　　责任校对：李泽巾　　责任印制：王艳丽

中国纺织出版社有限公司出版发行
地址：北京市朝阳区百子湾东里A407号楼　邮政编码：100124
销售电话：010—67004422　传真：010—87155801
http://www.c-textilep.com
中国纺织出版社天猫旗舰店
官方微博 http://weibo.com/2119887771
北京华联印刷有限公司印刷　各地新华书店经销
2024年9月第1版第1次印刷
开本：710×1000　1/12　印张：17
字数：220千字　定价：88.00元

凡购本书，如有缺页、倒页、脱页，由本社图书营销中心调换

前言

要想在当今竞争激烈的快时尚行业中取得成功，学生和专业人士必须掌握大量的知识和技能。本书通过对司空见惯的功能性设计元素——口袋的全面解读和描写，为读者获取这一方面的知识提供了很大的帮助。

在过去的几年里，原书作者一直在美国特拉华大学（University of Delaware）和雪城大学（Syracuse University）教授时装设计和结构课程。作为教师，挑战在于点燃每位时装设计专业学生的创作过程。无穷无尽的结构细节变化使服装本身被淹没了。将细节独立出来并进行研究，如口袋，可以使其在设计过程中更易于掌控。这正是撰写本书的初衷，目的在于为制作服装所需的每一个结构细节创建一部设计字典。

本书运用跨学科的方法将各章节内容组织在一起。服装设计最终上升为艺术，在很大程度上依赖于服装工程与卓越美学的高度融合。时尚的历史见证了服装从功能性到装饰性的渐进过渡。口袋，作为一种实用的存储解决方案被发明出来，已经在诸多现代时装中表现出重要的美学特征。即便是服装中最具功能性的细节也已经变成了装饰。围绕着主题或理论概念进行结构细节的变化，并不是新的服装设计方法，但是就教学和写作而言，是全新的角度。原书作者是时装设计师，而不只是裁缝或者制板师。每一章都遵循这种哲学。每张图片的说明文字都可以讲解其结构，并对特定的口袋给出平面结构图，以及结构局限性和功能考虑。每一章都有结构上的挑战、设计挑战和对行业内的专业人士的访谈，教师可以在设计课程中将这些予以强化运用。这样，《时装设计元素：口袋专题设计》一书就成为设计工作室必不可少的资源和工作手册。

目录

第1章　概述

第2章　历史的透视

第3章　文化类服装的口袋

第4章　功能性服装的口袋

第5章　运动服装的口袋

第6章　高级女装的口袋

第7章　成衣的口袋

第1章　概述

口袋的基本概念

基本的口袋类型（Basic Pocket Types）

根据口袋的结构类型，口袋可以被划分为三大类：贴袋、插袋和开袋。

不同的文献中使用了类似的术语，如实用的贴袋、插入缝缉线中的插袋和开袋造型的嵌线口袋。

贴袋（Patch Pockets）

贴袋通常是将长方形面料以明缉线的形式贴缝在已经成型的服装上。贴袋本身可以是简单的方形或矩形，以刺绣、表面设计、不同的面料设计来进行完善或装饰。口袋开口上角的边缘通常通过来回针、金属铆钉、加固套结等来加固。

如果没有借助口袋造型的硬纸板模具将口袋先定型，口袋底角将会很难缝制。按照纸样将面料裁剪下来之后，可以按照贴袋最终的尺寸来制作口袋模板，将口袋面料与口袋模板重叠在一起，并将缝份翻折好、熨烫好。使用这种方法，当把贴袋贴缝在服装上时，以明缉线的形式沿着口袋的边缘缝制才能更容易。

拥有两个开口的贴袋，通常具有更大的尺寸。如果放在服装的前片，这样的贴袋就被称为袋鼠口袋。这种类型的口袋常被应用于运动装，尤其是针织衫和帽衫。

图1 伊夫·圣·洛朗（Yves Saint Laurent），1996年

布鲁姆斯伯里出版公司（Bloomsbury Publishing，Plc）

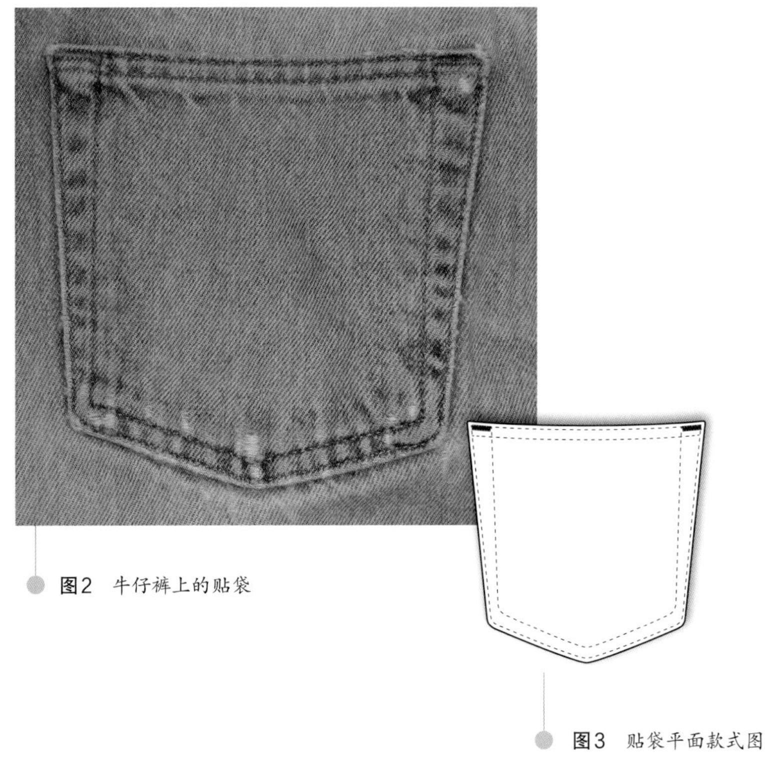

图2 牛仔裤上的贴袋

图3 贴袋平面款式图

插袋（Inseam Pockets）

开口位置被设定在一条或多条缝线中的口袋被称为插袋。这种类型的口袋具有一定形状的独立的垫袋布，贴着缝缉线和口袋开口缝合。垫袋布的构成可以根据穿着者的需求、成本和面料花费的不同而不同，但最终的视觉效果通常是一样的。

在这类口袋中，有两种类型的口袋是很普遍的：隐性插袋和明插袋。

隐性插袋，第一眼常常看不到，将口袋开口的两端都插入同一条缝缉线中，很多时候被应用于裤子或连衣裙的侧缝。

作为隐性插袋的一种变化，第二种类型的插袋是明插袋，这种结构中的口袋开口将会依附于两条不同的缝缉线。

大多数常见的缝缉线主要被应用于腰部缝线和服装的侧缝，但是也可以在侧缝和公主线中加入变化。

最常见的明插袋出现在牛仔裤的前片。右侧的口袋，通常会在大袋内侧设计一个小贴袋。

图4 连衣裙中的袋鼠口袋，贝蒂·杰克逊（Betty Jackson），1996年

布鲁姆斯伯里出版公司

图5 比尔·布拉斯（Bill Blass），1988年，隐性插袋
布鲁姆斯伯里出版公司

图6 古驰（Gucci），1993年春夏，明插袋

布鲁姆斯伯里出版公司

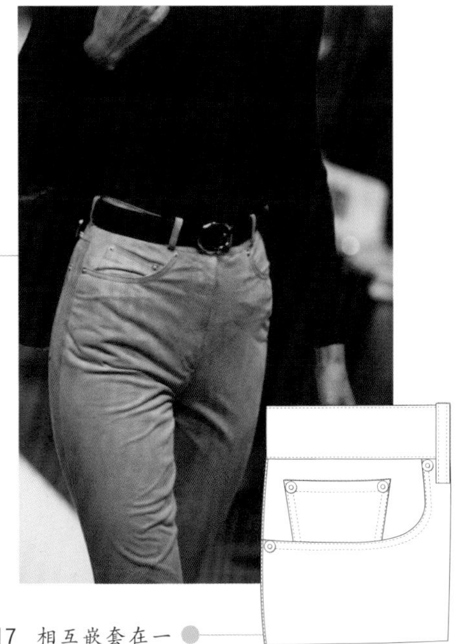

图7 相互嵌套在一起的明插袋和贴袋

图8 马丁·西特邦（Martine Sitbon），1995年秋冬，口袋开口位于公主线和侧缝之间的明插袋

图9 一件夹克的明插袋的袋口边缘的变化，袋口边缘位于侧缝和公主线之间

雪城大学苏·安·吉奈特（Sue Ann Genet）服装收藏

图10 马克·雅克布斯（Marc Jacobs），1997年春夏，袋鼠插袋

布鲁姆斯伯里出版公司

开袋（Slashed Pockets）

这种类型的口袋需要在面料上设定开口的位置。拥有一个剪切口，这也就是为什么它被称为“剪切”的口袋。剪切口的大小需要和口袋开口的大小一样，通常与穿着者的手的宽度一样。剪切口边缘的处理方式可以构成开袋的不同款式：单嵌线口袋、双嵌线口袋（有绲边的口袋）以及拉链袋。与插袋类型相似，开袋也会拥有独立的垫袋布，是具有一定形状的面料，其一端在服装里，或者在面料与服装里料之间。拥有袋盖的双嵌线口袋被称为定制口袋，它们大多数应用于传统的定制外套和大衣。袋盖可以采用多种不同的造型，而且衬以轻质面料。传统的定制口袋会拥有与双嵌线口袋完美匹配的袋盖，因此以这两种方式穿着都可以。

图11 缪缪（Miu Miu），1999年秋冬，单嵌线口袋（Single welt pocket）

布鲁姆斯伯里出版公司

图12 开口在上部边缘处的单嵌线的平面结构图

图13 麦克斯·马勒（Maxmara），1995年春夏，双嵌线口袋（Double welt pocket）
布鲁姆斯伯里出版公司

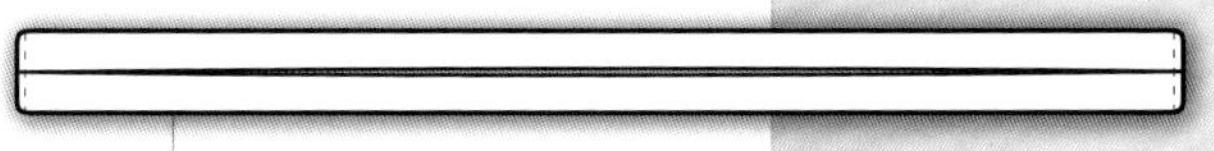

图14 双嵌线口袋的平面结构图，开口在中间

带有拉链的开袋适用于运动装，通常由轻质面料制成。可以通过在外层面料上添加明缉线来作为设计元素，也可以借此固定口袋里布。

尽管这里举的例子都是基础口袋，但它们中的每一种口袋都可以有结构变化和组合搭配，因此，虽然表面上看是基本造型，但是结构复杂。接下来的章节可以展示来自不同的设计参考的口袋变化。

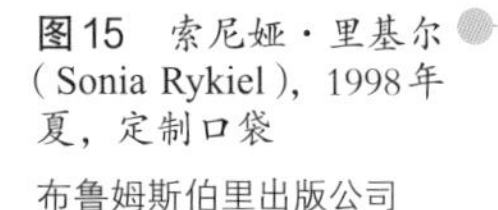

图15 索尼娅·里基尔（Sonia Rykiel），1998年夏，定制口袋

布鲁姆斯伯里出版公司

图16 朱莉亚诺·富士雅玛（Giuliano Fujiwara），1996年春，拉链开袋

布鲁姆斯伯里出版公司

图17 拉链开袋的平面结构图，带有明缉线的垫袋布

图18 理查德·马龙（Richard Malone），2018年2月，伦敦时装周走秀

杰夫·斯派塞（Jeff Spicer）/BFC（英国时装协会，British Fashion Committee）/盖蒂图片提供

Faſhions
Victim
a
Satire

第2章 历史的透视

图1 紧身束带，或者宽松样式之前的时尚。约1777年，约翰·盖尔特（John Callet，1725—1780）

耶鲁大学路易斯·沃波尔图书馆（Lewis Walpole Library）提供

口袋的历史

口袋最早出现在古罗马时期的服装中。作为古罗马托加（Toga）的一部分，或者说是弯曲垂坠处，即口袋，是由面料的复杂褶皱构成的。口袋可以用来盛物，也可以被看作现代手帕的古罗马版本。

在女装中最早出现的口袋可以追溯到中世纪。尽管口袋和女装设计并不协调，但图3中这件14世纪的皇室衣裙预示着它们的实用用途。

从15世纪直至16世纪中叶，男性和女性都在腰间通过悬挂的腰包来携带必要的物品。

然而，我们现在所知道的现代意义上的口袋，真正起源于17世纪晚期的法国男装外套。“紧身上衣（Justaucorps）”是一种富有和有社会地位的男性穿着的上衣外套。

合身的外套拥有展开的裙摆，其特点在于其具有横向的、带有袋盖的腰部口袋。这些腰部口袋以精致的刺绣袋盖和弧形或扇形的边缘为特色。袋盖作为单独的部件进行了刺绣，进而组装到了口袋中。

图2 穿着托加（Toga，古罗马宽松外袍）的罗马青年人的雕像

德国慕尼黑雕塑美术馆（Glyptothek）/比比·圣–保罗（Bibi Saint–Pol）/知识共享署名许可（CC BY）

图3 乔安·德·拉·图尔（Joan de la Tour），爱德华三世雕像的一部分

威斯特敏斯特修道院（Westminster Abbey），英格兰（14世纪）。佚名提供/知识共享署名许可（CC BY）

图4 悬挂腰包，奥地利菲迪纳德大公二世（Archduke Ferdinand Ⅱ），1557年，布面油画

哈布斯堡家族/知识共享署名许可（CC BY）

图5 法国男性着装，究斯特科尔（Justaucorps，一种紧身上衣）的插画，始于1665年；卡尔·k.海尔（Carl köhier），艺术家（1828—1876）
多佛出版社，纽约

早期的裤子口袋款式选择是有限的和简单明了的，它们被设计在腰带部位，垂直通到上部，或者在侧面。大多数口袋用来携带硬币或其他小物件，如男裤和马裤，都在腰带部位下方的内侧小口袋，或腰部的单嵌线口袋（Welt pockets）。

从17世纪末开始，随着男式服装的演变，逐渐发展出背心、紧身短上衣和马甲以及现代西装，单嵌线口袋和插袋持续不断地出现在男装中。

17世纪的插图可以证明，口袋经常出现在工人阶级的实用服装中。然而，“口袋”一词实际上的意思是“一个小袋子般的附件”。早期的口袋是挂在腰部或腰带上的小袋子。这些悬挂口袋与现代手提包非常相似，用于携带小物件和贵重物品，如硬币。从17世纪开始，在女性裙装的插图中已经出现了这种“悬挂口袋”，绑在腰部，置于裙子或围裙下。

悬挂口袋逐渐演变成扁平的形状，由两块布制成，一端为长方形，另一端抽褶，抽褶后的形状像一个“U”形。口袋可以很简单，根据穿着者的服装，选用普通面料，或经过特别精心的刺绣和装饰。

这些口袋的形状和开口略有变化，根据穿着者的社会地位，它们或多或少会进行点缀。手工刺绣和具有对比效果的绲边非常流行。在图10中，由亚麻制成的一对口袋突出了细带和绲边。

图6 马甲设计师：安娜·玛丽亚·盖斯威特（Anna Maria Garthwaite）设计的纺织物（英国，1690—1763年）。制造商：彼得·雷克斯（Peter Lekeux）织造（英国，1716—1768年）。1747年，丝绸、羊毛、金属

大都会艺术博物馆（Metropolitan Museum of Art），纽约

图7 马裤，1804—1814年，法国，丝绸和亚麻

大都会艺术博物馆（Metropolitan Museum of Art），纽约/约翰·W.格鲁特夫人（Mrs. John W. Grout），1956年

图8 不同国家的服装，“女子”，雅克·格拉塞德圣－萨弗里（Jacques Grasset de Saint-Saveur），法国，约1797年

洛杉矶艺术博物馆（Los Angeles County Museum of Art，LACMA）/服装委员会基金（M 83.190.26）

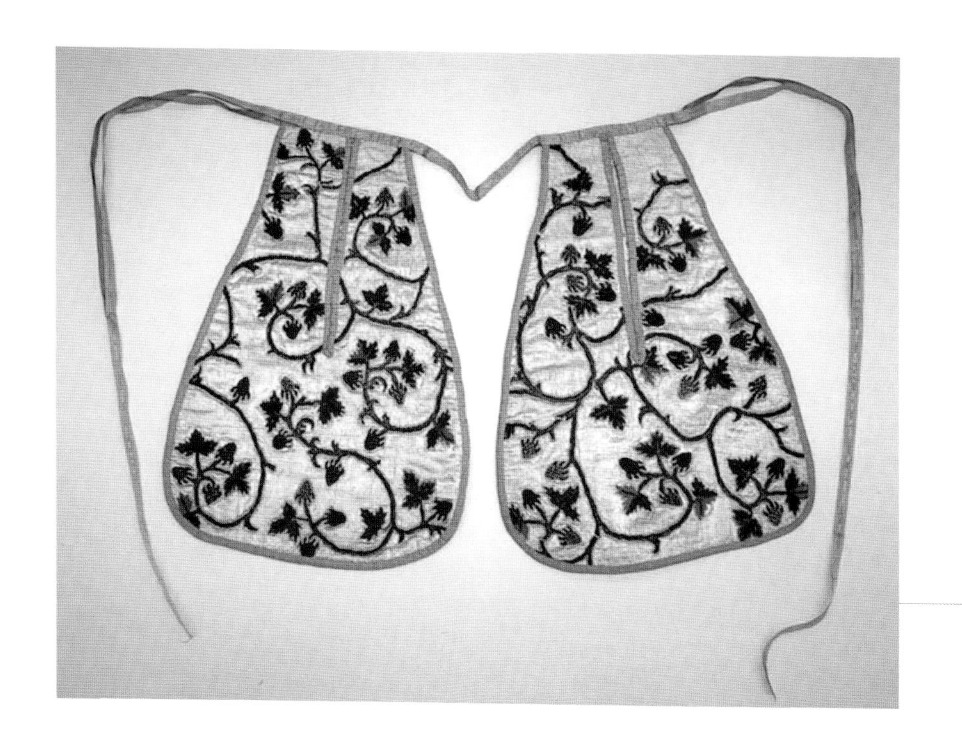

图9 刺绣的腰部口袋，1700—1750年，英国，丝绸，高387毫米

艾琳·莱维松（Irene Lewisohn）的遗赠，1974年

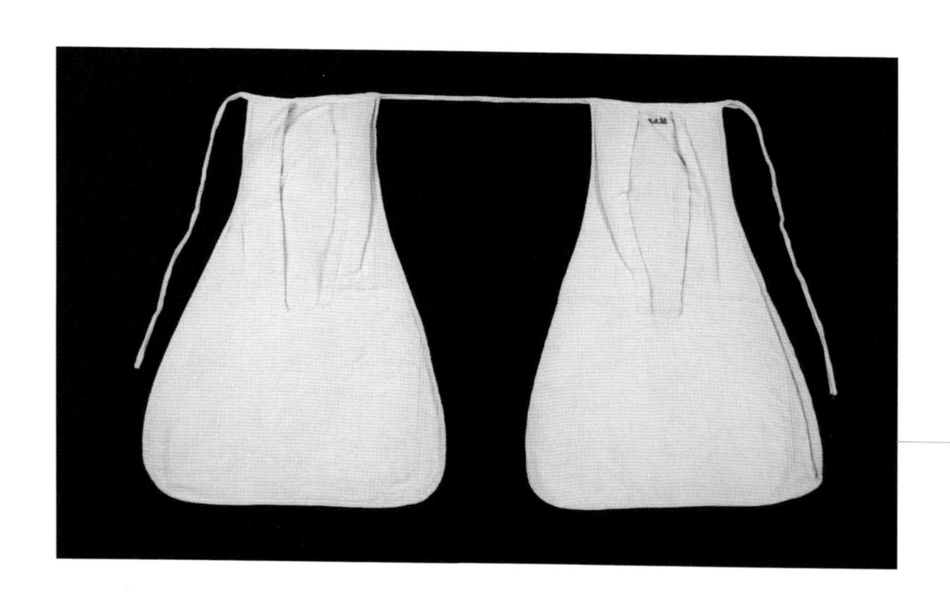

图10 亚麻口袋（Linen Pocket），1800—1810年，美国

大都会艺术博物馆中的布鲁克林博物馆服装精品/布鲁克林博物馆赠，2009年/皮尔庞特家族（Pierrepontfamily），1941年

“萨科西亚”（Saccoccia）是一种宽松的口袋，也是17世纪服装的著名细节。在文艺复兴时期，也就是在16世纪下半叶，人们多穿着它。萨科西亚通常位于紧身胸衣系带的地方，可以采用刺绣或花边来进行装饰。

正如时尚史学家芭芭拉·伯曼（Barbara Burman）在《口袋的历史：日常物品的秘密生活》一书中写到的那样，口袋不只是用来装饰服装，它们本身就是有意义的服装。人们经常会花几年时间去刺绣和美化服装——毕竟，对于许多住在狭小空间的人们来说，口袋是为数不多的存放个人物品的真正私密的地方。

到了19世纪中期，人们发现一些装饰过的口袋被转移到围裙上。

在19世纪，年轻女孩、老年妇女和工人阶级妇女主要穿用独立的悬挂袋。这些悬挂袋被称为“网状物（Reticules）”，也被称为小袋。伊丽莎白·库姆斯·亚当斯（Elizabeth Coombs Adams）写道：“所有的老妇人都戴着这些口袋，并把钥匙放在里面。”（马萨诸塞州历史收藏）19世纪后期，更小的缝装口袋重新流行起来。

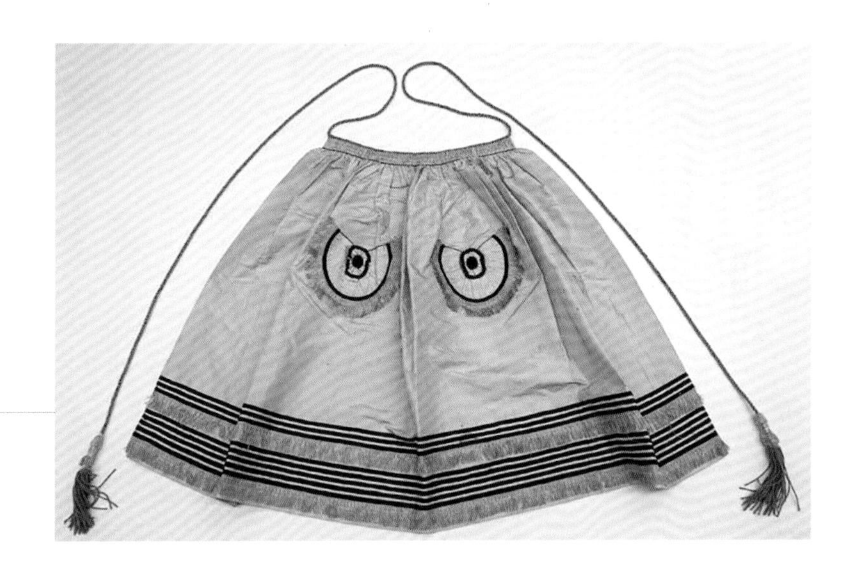

图11 带有刺绣口袋的围裙，约1850年，美国，丝绸

大都会艺术博物馆，纽约/爱丽丝·豪科·雷默（Alice Hawke Reimer）赠，1953年

隐藏式口袋

19世纪40年代，随着女裙越来越丰满，裙子的侧缝中加入了隐藏的小口袋。口袋的开口在裙片拼接的位置，通常在右侧背部区域，或者在开口边缘镶一个窄边设置在接缝或剪切缝中。

这些功能性的小口袋，既可以很简单，隐藏在接缝中，也可以精心装饰，通过增加褶皱和蝴蝶结来增加体量感，如图13所示的可爱的天鹅绒斗篷。

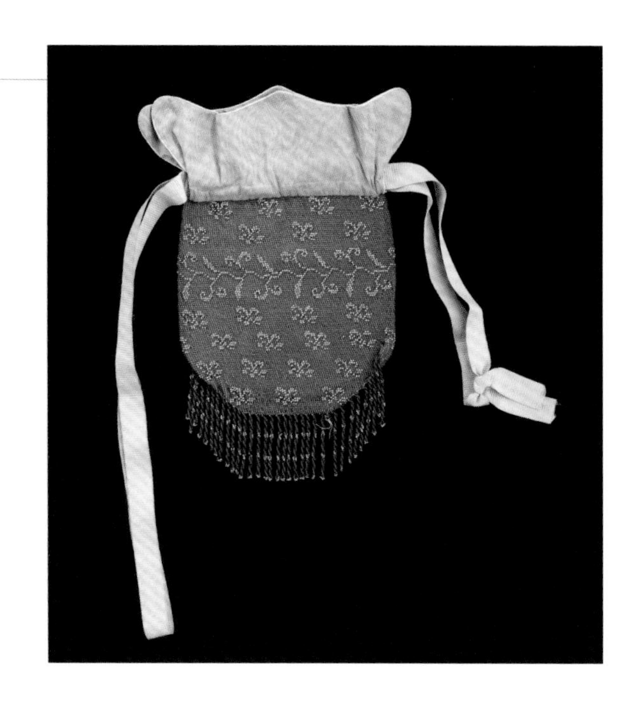

图12 口袋，1840—1860年，美国，玻璃、金属、皮革、亚麻和丝绸

纽约大都会艺术博物馆的布鲁克林博物馆服装收藏/布鲁克林博物馆赠，2009年/梅·申克（Mae Schenck）赠，1963年

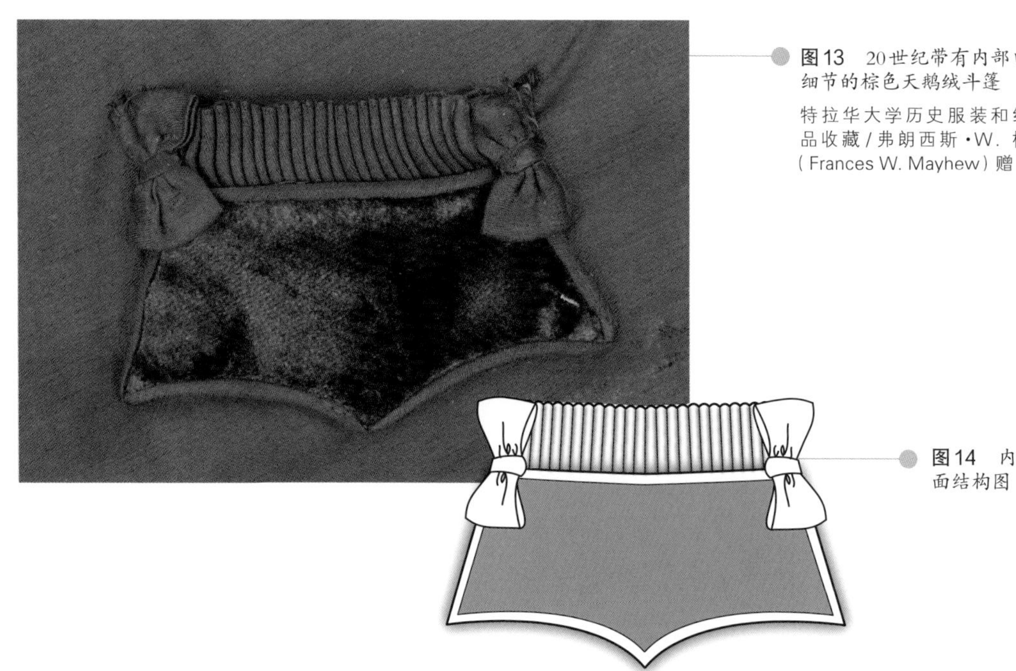

图13 20世纪带有内部口袋细节的棕色天鹅绒斗篷

特拉华大学历史服装和纺织品收藏/弗朗西斯·W. 梅休（Frances W. Mayhew）赠

图14 内部口袋的平面结构图

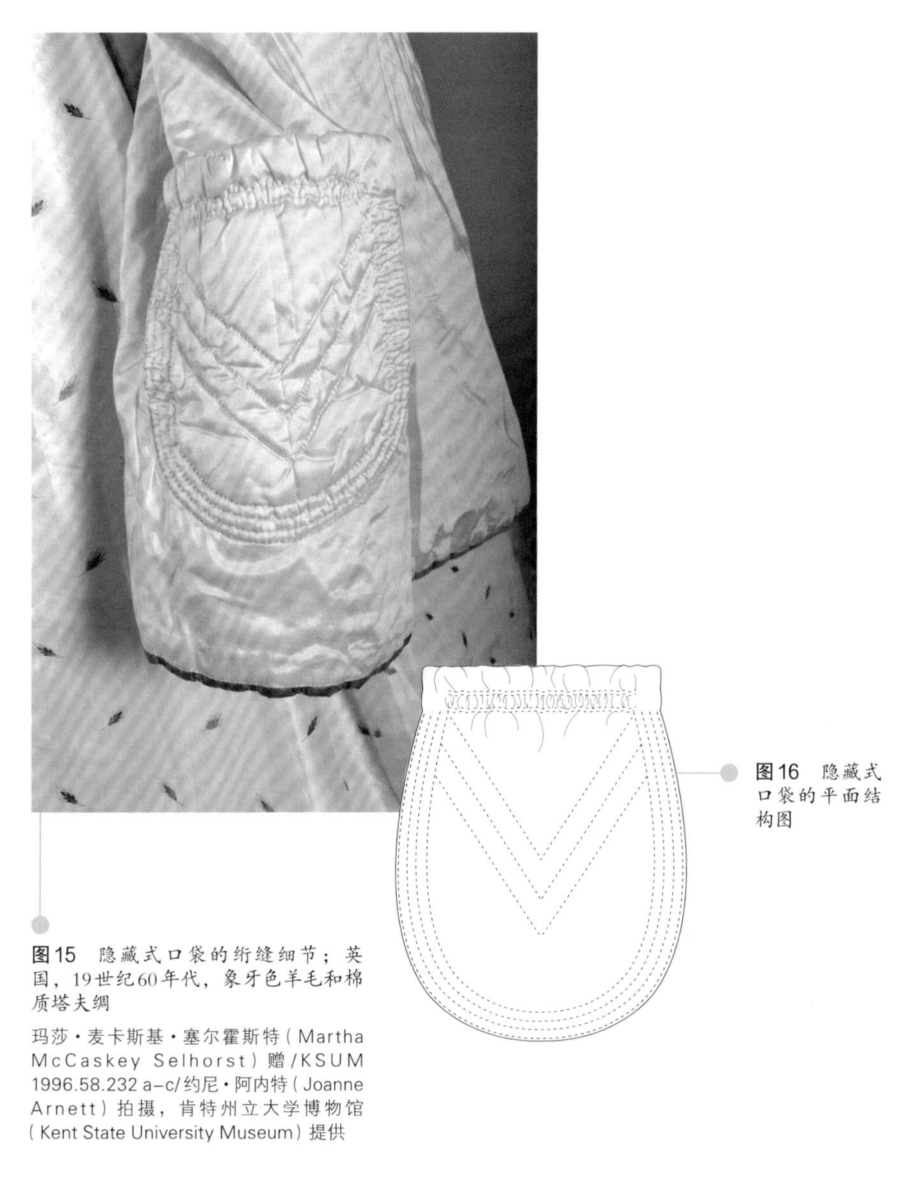

图15 隐藏式口袋的绗缝细节；英国，19世纪60年代，象牙色羊毛和棉质塔夫绸

玛莎·麦卡斯基·塞尔霍斯特（Martha McCaskey Selhorst）赠/KSUM 1996.58.232 a–c/约尼·阿内特（Joanne Arnett）拍摄，肯特州立大学博物馆（Kent State University Museum）提供

图16 隐藏式口袋的平面结构图

"一边口袋里面放着手帕，还有一些不太可能随身携带的重物，如零钱。另一边口袋则是一些杂七杂八的东西，有一个袖珍本、一串钥匙、一个针线盒、一个眼镜盒、一块饼干、一个肉豆蔻和粉碎器、一支香水瓶，而且，根据季节的不同，还可以放一个橘子或苹果，过上几天后，她会取出来，温暖而光滑，送给那些表现良好的孩子。"1812年，詹姆斯·亨利·利·亨特（James Henry Leigh Hunt）写了一本随笔集，其中描述了一位"老太太"和她口袋里的东西。当时，人们认为口袋是可以存放必需品的好地方。

作为功能性细节的口袋

19世纪末，口袋被设计用来盛装不同形状和大小的物品。女性服装的特点是既可以有装饰性很强的口袋，里面装着扇子或遮阳伞等配饰，也可以有几乎让人无法觉察的小巧口袋。这两种风格的口袋都需要具有方便使用的特性。

图17中的例子展示了一个极具装饰性但又很实用的三角形口袋，用来装女士的遮阳伞或扇子。扇子是19世纪很受人们欢迎的配饰。19世纪后半叶，女装廓型剪裁讲究，极具体量感的后部裙撑是焦点。这些有裙撑的裙子通常用大量的褶皱、荷叶边或流苏来装饰，这样就为装饰性口袋创造了一个完美的展示空间，裙装的前面也可以保持相对平坦。

对于较小的配饰，需要一个更小巧的口袋。在19世纪，怀表是另一种在男性和女性中都很流行的配饰。随着它的使用越来越广泛，人们需要一个指定的“怀表口袋（Watch Pocket）”或“表袋（Fob Pocket）”。只有约50毫米宽和深，加在裙子或裤子的腰部，这些口袋里装着怀表。单嵌线式口袋作为独有的特色仍然保留在现代男式西装中，同时也应用于马甲或西装夹克中。

图17 美国，19世纪70年代；丝绸，简·瓦克纪念基金（Jane Wacker Memorial Fund）；裙子右边饰有纽扣和绳带的三角形口袋，用来装遮阳伞

印第安纳波利斯艺术博物馆（Indianapolis Museum of Art）

图18 带有黑丝绒手表口袋的裙装，约1880年；这件裙装的右侧也有一个隐藏式口袋，在臀部的第一排褶皱后部，用来放置手帕或针线包

雪城大学苏·安·吉奈特服装收藏（Sue Ann Genet Costume Collection，Syracuse University）

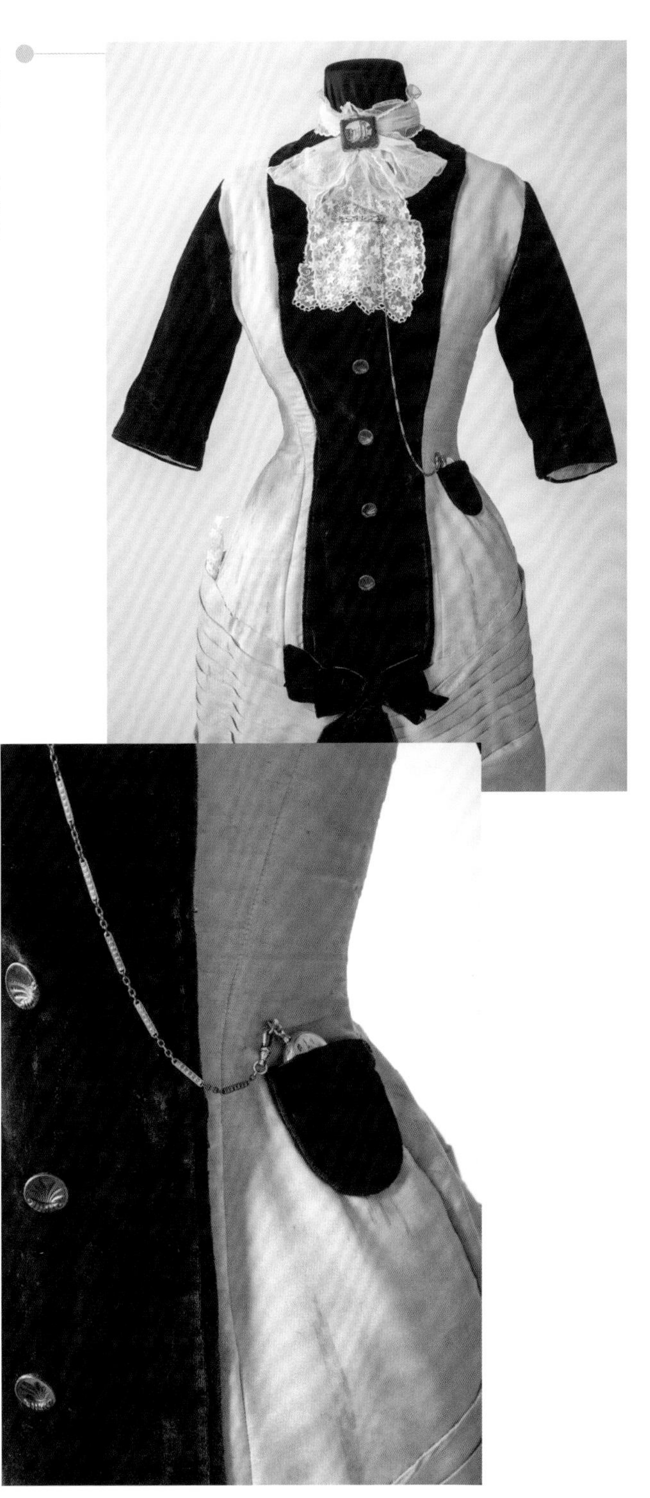

男式西装口袋的位置和构造细节与19世纪的样式相同。但是，西装外套的口袋设计和细节呈现出更多变化。口袋设计表明了着装的正式程度，口袋越少越正式，用于工作和运动的西装更实用，需要更多的口袋。用于社交活动和正式场合的晚礼服和无尾晚礼服（Tuxedos）不需要多个口袋。

从19世纪开始，一直延续到现代着装，男式西装外套采用了三种传统的口袋设计：唇袋（Jetted pocket）或者单嵌线口袋（Welt pocket），票据袋（Ticket pocket），贴袋（Patch pocket）。

唇袋或单嵌线口袋是从17世纪究斯特科尔中的装饰性袋盖的口袋演变而来的。这个口袋可以简单地用面料绲边，或者“包起来”，然后缝在男式西装外套的前髋关节较低位置。这些口袋也可以设计在西装外套的衬里或接缝处，用来盛装其他物品。像原来的究斯特科尔一样，可以添加袋盖；然而，其现代用途不是作为装饰品，而是保护口袋里的东西不掉出来或不被弄脏。

男式西装外套中的第二种传统口袋设计是票据袋。票据袋类似于唇袋，它位于右侧髋部口袋的上方，约有一半大小，在旅行时用来盛装绅士的火车票。进入20世纪，其被称为零钱袋。票据袋在现代男式西装中不太常见，因此它通常意味着量身定制的西装。

第三种传统的口袋设计是贴袋。这些口袋是西装外套的基本组成部分，可以容纳各种物品。贴袋是一种在外套的外面固定另一层方形面料的口袋形式，靠近前髋部位。它们可以是扁平的，也可以带有褶皱，以便容纳较大的物品。像唇袋或者单嵌线口袋一样，它们还可以带有袋盖，可以有扣子，也可以没有扣子，用以保护口袋中的物品。

图19 具有一定角度的小巧的双嵌线口袋，被置于男式毛料马甲的胸部位置；约1890年

雪城大学苏·安·吉奈特服装收藏

图20 基础款男式外套的口袋位置

图21 男式毛料晨礼服，其特色在于前胸的口袋和两个带有袋盖的髋部口袋。设计师J.B.约翰斯通（J.B. Johnstone），1894年

大都会艺术博物馆的布鲁克林博物馆（Brooklyn Museum Costume Collection at the Metropolitan Museum of Art）服装收藏/布鲁克林博物馆赠，2009年/指定购买基金（Designated Purchase Fund），1983年

图22 这张约1880年的工装外套上的票据袋在髋部口袋的上方，其袋盖的制作方式与下面的口袋相同，前边缘对齐。票袋大约是髋部口袋开口大小的一半

雪城大学苏·安·吉奈特服装收藏

用于体育活动的夹克，如诺福克夹克（Norfolk jacket）有多个带有袋盖的大贴袋。这些口袋可用于在狩猎、射击、骑马、骑自行车或打高尔夫球时携带子弹、食品和其他各种用品。

从19世纪末开始，随着现代男式西装的出现，口袋成为男式服装中无处不在的部分，几乎可以出现在每一种品类的服装中，包括大衣、马甲、衬衫和裤子。但是，在女装中却没有。维多利亚时期的报纸文章指出，这种差异可能不仅仅是表面上的区别。1899年，《纽约时报》的一位作家断言了口袋的政治和文化含义。

1895年，一位设计女性自行车“服装”的设计师提出了口袋是明显男性化的概念。人们不得不佩服那些穿着灯笼裤和开衩裙套装骑着自行车的女性。

当时，这种服装是一种新奇的创新，只被认为是女性在骑自行车时可以穿着的（许多老派的人甚至会认为这种风格过于男性化，难以接受）。除了骑自行车，女性在公共场合穿这种衣服的想法似乎很荒谬。

图23 带有箱形褶皱和纽扣袋盖的贴袋，男式毛料西装，电影《东方快车谋杀案》的场景

贝特曼（Bettmann）/盖蒂图片（Getty Images）提供

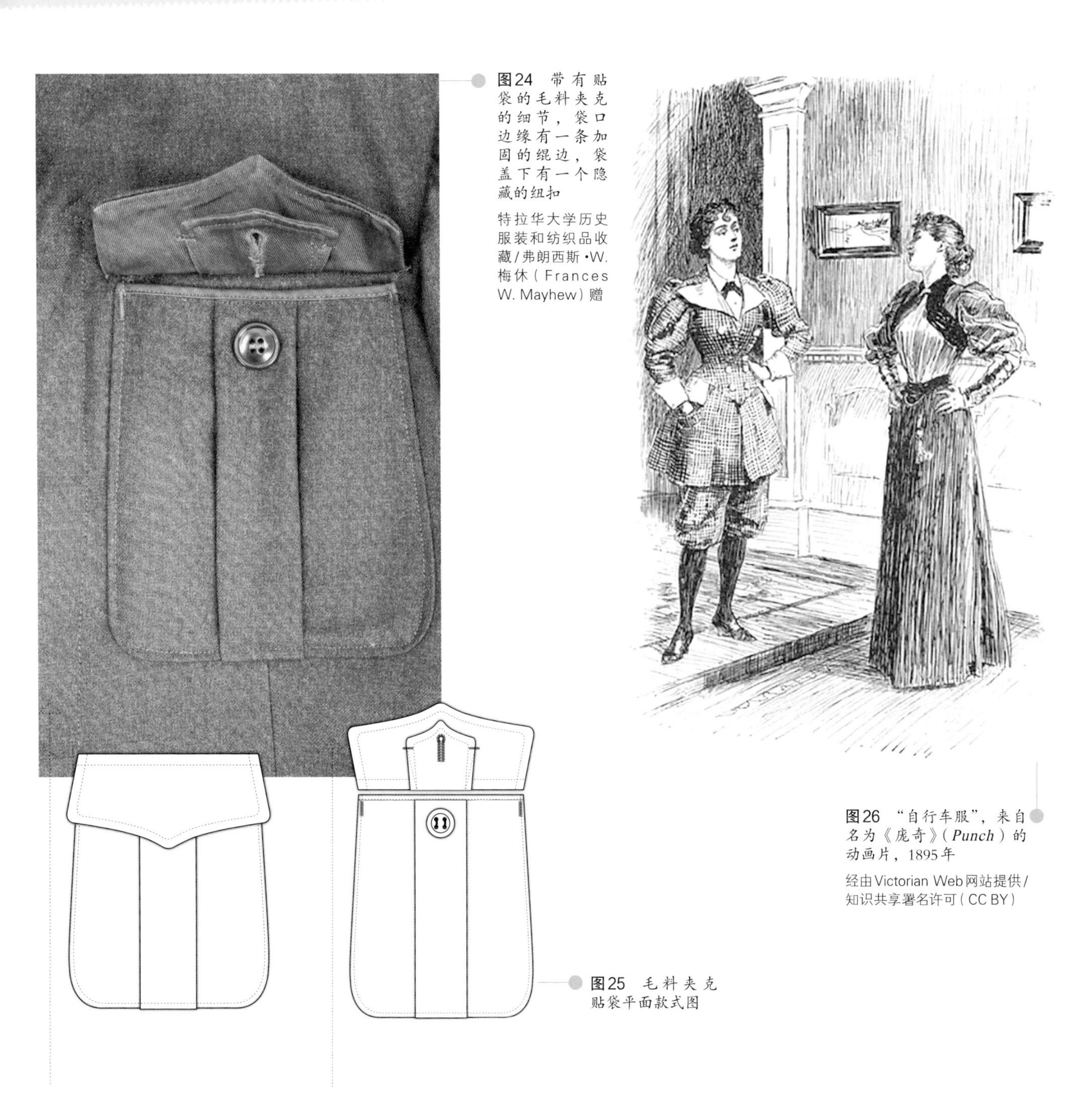

图24 带有贴袋的毛料夹克的细节，袋口边缘有一条加固的绲边，袋盖下有一个隐藏的纽扣

特拉华大学历史服装和纺织品收藏/弗朗西斯·W.梅休（Frances W. Mayhew）赠

图25 毛料夹克贴袋平面款式图

图26 “自行车服”，来自名为《庞奇》（*Punch*）的动画片，1895年

经由Victorian Web网站提供/知识共享署名许可（CC BY）

成为设计细节的口袋

从20世纪初开始，女装的口袋变得越来越具有装饰性，并成为创新设计细节的重点。口袋的位置、样式和形状已成为更多设计的考虑因素，同时还能衬托女性的身型。

随着第一次世界大战和第二次世界大战带来的社会变化，越来越多的女性进入劳动力市场，男装对女装的设计和可用款式的影响变得更加突出。例如，曾经仅限于男装的裤子，已经作为现代女性衣橱里实用的新增衣物，并且正逐渐被人们接受。裤子口袋的变化范围，从单嵌线口袋，到带有袋盖和纽扣的、或隐藏或暴露于接缝中的插袋，对于无论是在工厂中工作的女性，还是在家里工作的女性都非常实用。

“男性拥有口袋是为了存放物品，女性拥有口袋则是为了装饰。”

——克里斯汀·迪奥（Christian Dior），1954年

图27 极富装饰意味和对比效果的口袋细节。大衣，保罗·波烈（Paul Poiret），约1925年，皮草和羊毛

纽约大都会艺术博物馆提供/约翰·坎贝尔·怀特夫人（Mrs.John Campbell White）赠，1988年

结构设计挑战：插袋（Inseam pocket）

这件单品的细节是经过精心设计的，为了将厚实的缝份压平而在边缘处缉缝了明缉线。定型的袋盖与前片插袋袋口的造型相呼应，包括串带。在腰部缝线中插入的隐藏式插袋采用的也是明缉线缝制，而且有加固套结，并且其开口位置在两个串带之间更为方便。

图28 女式羊毛裤，前片带有外露的插袋，后片带有袋盖的口袋，腰带处的隐藏式插袋

特拉华大学历史服装和纺织品收藏/查斯·D.凯里（Chas. D. Carey）赠/西部牧场旅行用品商（Western Ranchman Outfitters），约1957年

图29 插袋平面款式图

男装方面的其他影响还包括量身定制的西装。以传统男装设计为依据，女式裙套装设计了带有口袋的外套。作为设计细节，这些口袋精致、醒目，并极具实用功能。美国20世纪中期的设计师吉尔伯特·阿德里安（Gilbert Adrian）设计了流线型西装，采用鲜明的剪裁突出口袋的设计细节。阿德里安也因他的斜接的口袋角和趣味拼缝而闻名。

图30 带有丰富条纹口袋细节的套装。设计师吉尔伯特·阿德里安，1948年，美国，羊毛和丝绸

芝加哥历史博物馆（Chicago History Museum）/盖蒂图片提供

尽管受到成人服装主要廓型和样式的影响，在20世纪的大部分时间里，儿童服装变化不大。约20世纪50年代，大多数孩子都被装扮成了“小大人”。

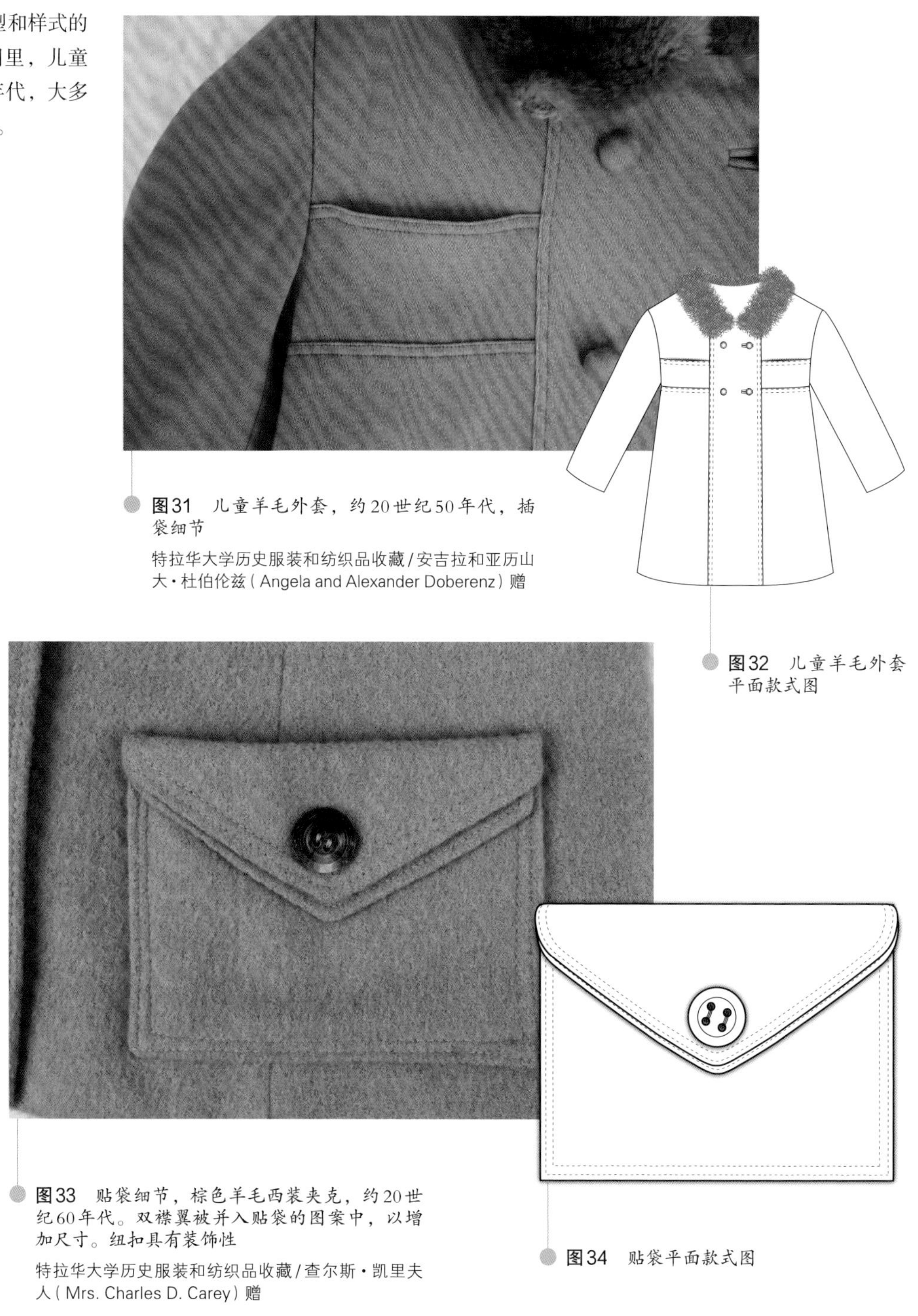

图31 儿童羊毛外套，约20世纪50年代，插袋细节

特拉华大学历史服装和纺织品收藏/安吉拉和亚历山大·杜伯伦兹（Angela and Alexander Doberenz）赠

图32 儿童羊毛外套平面款式图

图33 贴袋细节，棕色羊毛西装夹克，约20世纪60年代。双襟翼被并入贴袋的图案中，以增加尺寸。纽扣具有装饰性

特拉华大学历史服装和纺织品收藏/查尔斯·凯里夫人（Mrs. Charles D. Carey）赠

图34 贴袋平面款式图

另一位美国设计师邦妮·卡欣（Bonnie Cashin，1907—2000）因其独特的口袋设计方法而颇具影响力。她的美学为女性衣橱提供了一种简单、优雅的解决方案，同时卡欣更专注于简洁合体和具有功能性细节的实用服装设计，如大口袋。一些颇具创意的口袋是三维立体的，其结构像常规的包袋一样，通常也有金属五金件作为封口。

图36 邦尼·卡欣最初的钱包设计在设计师安古斯·强（Angus Chiang）最近的一个系列中；巴黎时装周2018/2019秋冬男装

维克多·维吉尔（Victor VIRGILE）/盖蒂图片提供

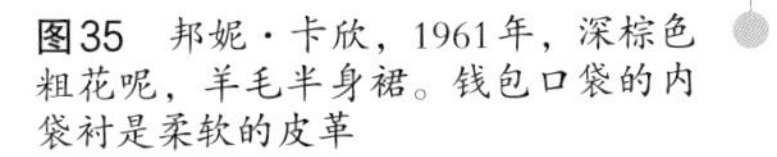

图35 邦妮·卡欣，1961年，深棕色粗花呢，羊毛半身裙。钱包口袋的内袋衬是柔软的皮革

锡拉丘兹大学（Syracuse University）/苏·安·吉奈特服装收藏

结构设计挑战：贴袋

这款贴袋的四周用一条衬布来增加立体感。边缘线迹可以确保接缝平整和口袋角干净利落。口袋的特色是有一个皮质扣袢，用来支撑住双层皮带，其末端还用小金属扣固定。袋口处的约25毫米（1英寸）宽的口袋贴边与大衣的运动风格保持一致。

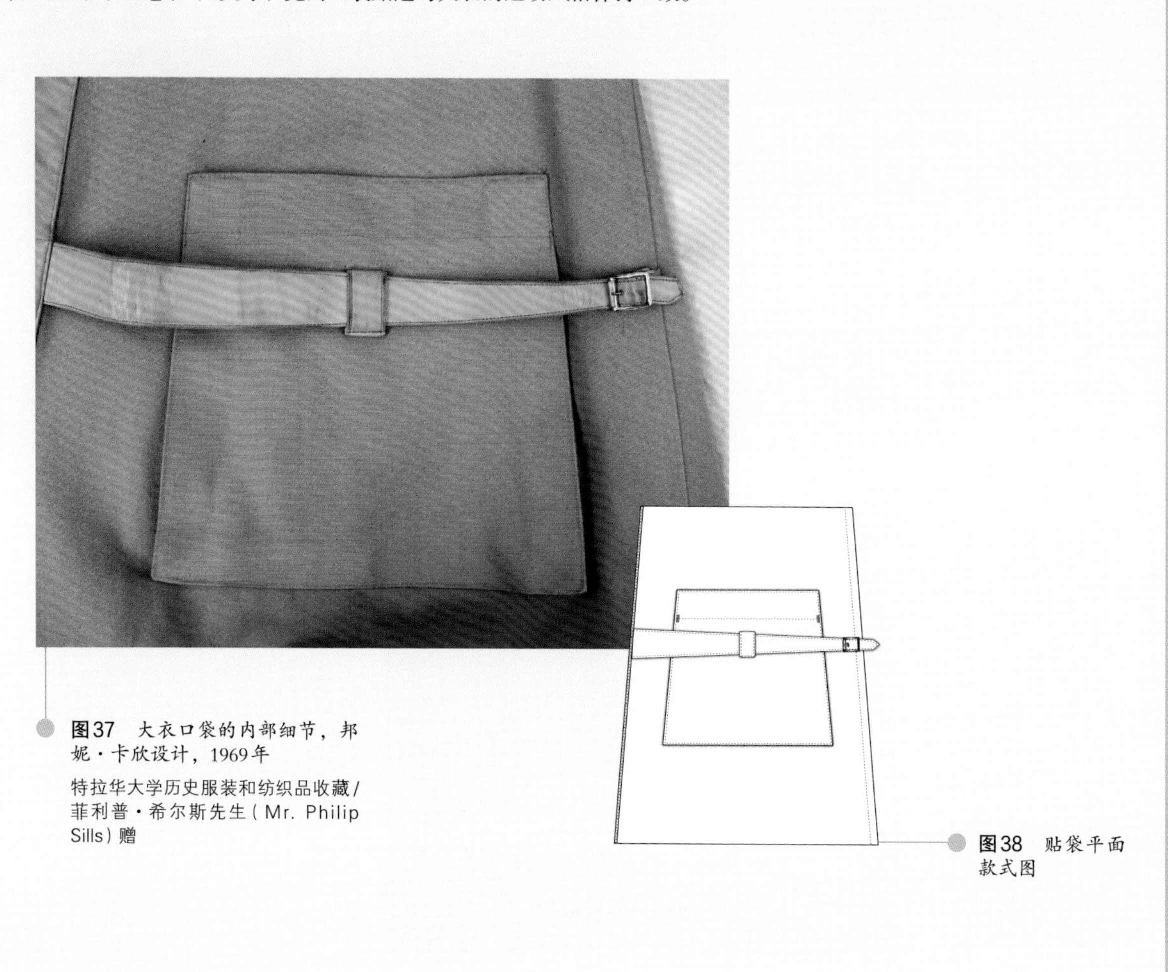

图37 大衣口袋的内部细节，邦妮·卡欣设计，1969年

特拉华大学历史服装和纺织品收藏/菲利普·希尔斯先生（Mr. Philip Sills）赠

图38 贴袋平面款式图

图39 带有黄色帆布与皮革细节的大衣口袋，邦妮·卡欣，1973年

雪城大学苏·安·吉奈特服装收藏

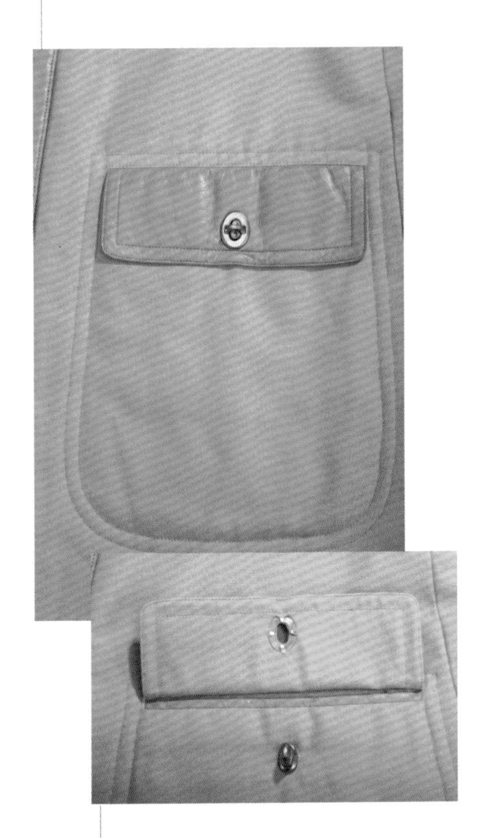

图40 口袋特写，袋盖下面的口袋嵌线是用皮革绲边的，使口袋边缘更耐用

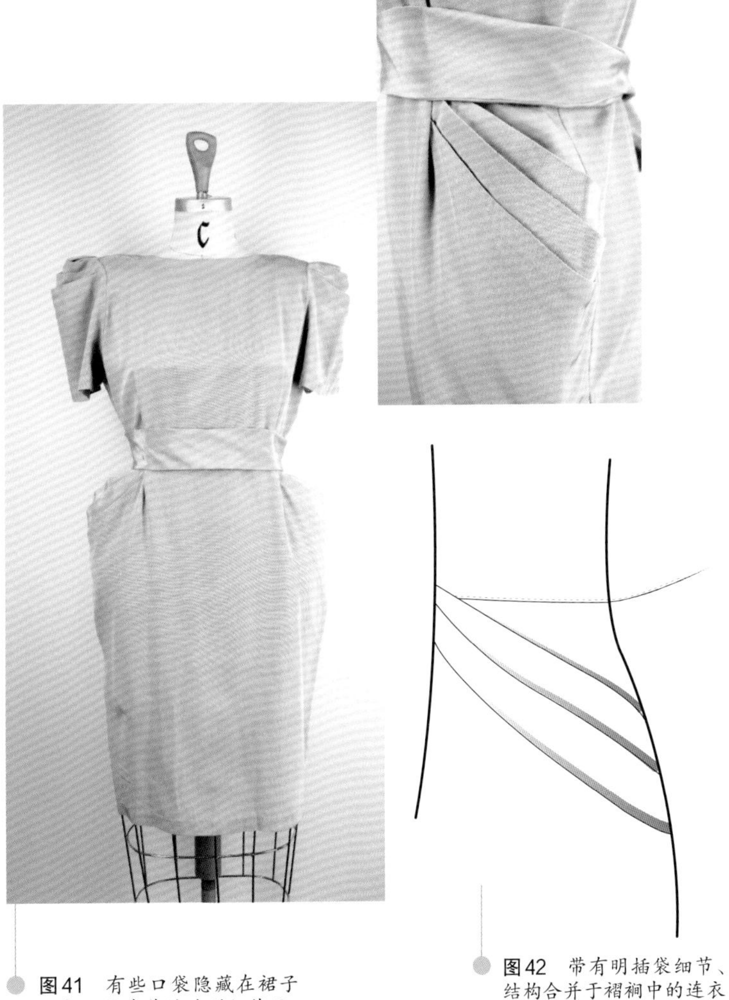

图41 有些口袋隐藏在裙子髋部立体裁剪的造型细节里，是一种更女性化的口袋类型。带有明插袋细节、结构合并于褶裥中的连衣裙

特拉华大学历史服装和纺织品收藏/斯科特夫人（Mrs. MLDB Scott）赠，约1980年

图42 带有明插袋细节、结构合并于褶裥中的连衣裙局部平面款式图

访谈1

乔纳森·沃尔福德，加拿大时尚历史博物馆的历史学家兼策展人

乔纳森·沃尔福德（Jonathan Walford）1961年出生于温哥华市，就读于西蒙弗雷泽大学（Simon Fraser），获得加拿大历史和博物馆研究学位。他于1977年开始在博物馆领域工作，曾在多家机构担任策展职位，包括多伦多巴塔鞋博物馆（Bata Shoe Museum）的创始策展人。自20世纪70年代末以来，沃尔福德一直是历史时尚的私人收藏家，他收藏了从17世纪至今的8000多件服装，涵盖了从巴黎各大时装公司到邮购目录中的简单款式。自1981年以来，他一直以历史时尚和社会历史为主题发表演讲和出版著作。2004年，他与合作伙伴肯·诺曼（Kenn Norman）共同创立了时尚历史博物馆（Fashion History Museum），该博物馆于2016年3月在安大略省剑桥市正式开放。

图43 安大略省剑桥市时尚历史博物馆的历史学家和策展人乔纳森·沃尔福德

乔纳森·沃尔福德提供

作为服装策展人，您经常会接触到丰富的西方时尚设计历史。您有关注设计细节如口袋的变化吗？

口袋最初是作为外部袋子使用的，但在17世纪中叶开始将其缝制在男式夹克中，进而使贵重物品存放得更加安全。出于相同的原因，女性在皮带上系了一个或两个袋子，绑在裙子下面。到了18世纪90年代，当女性的裙子变得纤细后，口袋被移到外面作为装饰钱包。当裙子再次变得更宽大时，口袋通常会被缝在裙子的侧缝中，这样就看不到口袋了。直到19世纪60年代，女式服装的口袋中才开始使用袋盖，或采用外部贴袋，通常会用于量身定制的服装，或运动服和大衣。到了20世纪20年代，口袋成为运动服和定制西装的普遍特征——女性胸部的外部口袋通常很小，只能装一块手帕，也没有其他功能，还有一些形状新奇的口袋，如月牙形或圆形，但这些都不是持久的流行趋势。

服装设计、服装结构随着时间发生改变，您对此有什么印象？

口袋通常与一位女性需要携带多少东西有关；如果她在工作，那么她可能需要更多的口袋，或者一个更大的手袋。不过这个论点也可以反过来问，为什么男性不带手袋，大多数都使用了公文包，盛装的都是一样的东西——钥匙、太阳镜、钱包、名片、电话等。

您有没有一个最喜欢的流行时代，可以为我们的读者带来灵感？

关于最喜欢的时代，我可以诚实地说，并没有一个特定的时代能让我最喜欢。然而，我的确喜欢时尚处于不断变化的年代——比起20世纪50年代和21世纪初期这样变化缓慢而微妙的年代，20世纪10年代和60年代更让我感兴趣。

访谈2

布里安娜·普卢默，纽约州立大学布法罗州立学院副教授

布里安娜·普卢默（Brianna Plummer）是设计教育家、实践者、研究人员，涉及三个截然不同但密切相关的学科领域：时尚、服装和纺织品。

目前，布里安娜是纽约州立大学布法罗分校（SUNY Buffalo State）的一名大学教授，在波士顿地区担任服装设计师和技术人员，在爱荷华州立大学攻读博士学位。

布里安娜做了12年的婚纱设计师，其中有10年是在她自己的婚纱定制店，她也在专业的戏服店做过立体裁剪师，还在弗雷明汉州立大学（Framingham State University）教了10年的服装设计课程。

图44 布里安娜·普卢默
布里安娜·普卢默提供

在我的记忆中，我一直对二维平面纸样转化为三维立体的服装感兴趣，无论是时装还是古装戏服，现在我将在二维平面纸样上添加表面设计作为我的创新奖学金的一个方向。作为一名学生、教育家和专业人士，我在时尚界和戏剧界来回穿梭。我设计过各种类型的口袋，适合各种类型的服装，具有不同的美学效果，也具备相应的用途。

在时装和古装中，对口袋设计的使用元素和使用原则的评价是相似的，但设计倾向是不同的。我的回答主要来自我作为具有丰富时装经验的古装戏服/剧装设计师的视角。

口袋在剧装、历史服装中有多重要？采用什么样的方式？

在时装中，我认为口袋既是美学细节又是功能性部件，因此我在设计时会考虑这两个方面。但是，在历史服装中，我觉得审美和功能作用通常是分开考虑的。可能只需要口袋的样子，也可能只需要口袋的功能。例如，18世纪70年代的一件大衣上精美华丽的袋盖带来了强烈的美感冲击，通常覆盖着一个单嵌线口袋或月牙形口袋，主要目的是强化人物的社会地位。但是，因为外套上的尴尬位置会导致演员不便于将手伸进口袋，所以，演员可能实际上并不需要使用那个口袋。因此，作为戏装的设计师，我可能会选择只采用袋盖，既减少了构造口袋的工作量，又减少了将口袋增加到服装上的体量感。视觉效果则保持不变。

另外，功能性口袋在戏剧服装、历史服装中非常重要，尤其是那些观众看不见的口袋，如麦克风包和特殊效果设备之类的物品需要放在不引人注目的口袋中。此外，演员在舞台上可能需要接触或隐藏某些物品，因而口袋成为历史服装的功能技术中的战略设计要素。口袋的设计要考虑大小、位置、易用性以及封口安全性，口袋的大小需要适合穿着者的手的大小，口袋的位置应该强调舞台的惯用右手、惯用左手问题，应易于取用（如果这是场景的要求）。演员的动作会影响口袋封口的类型。例如，我为了确保物品不会掉出来而在袋盖上采用维可牢尼龙搭扣（Velcro）。然而，在滑雪大衣的袋盖上加尼龙搭扣，这样戴着手套时就可以打开它——这将是一个很好的设计决定。

服装如何对口袋设计产生影响？

作为一名消费者，重要的是口袋的设计和纸样都要与环境相匹配。我目前的大部分戏服工作使我有机会既当设计师又当技术人员，所以很难把设计和制作分开。我认为口袋设计既是设计师的工作，也是立体裁剪师的工作。在大多数情况下，设计过程是最先开始的，我会绘制服装草图并考虑口袋如何融入设计。有时候，通过最初的几次制作会议，我们会意识到特殊的口袋需求，服装设计随口袋制作过程而变化。我喜欢这两个过程，无论设计过程的最初方向是什么，服装设计（廓型、接缝、面料）和服装构造（结构顺序、缝制工艺和后整理）都会影响口袋的设计。口袋的尺寸、款式、面料的选择需要与设计相配合，口袋的构造步骤和方法需要与服装的制作相配合。

在设计服装细节的过程中，如口袋，会有哪些挑战？请说说您设计口袋的方法。灵感从何而来？如何考虑口袋的位置？

随着时间推移和跨文化的发展，口袋设计具有不同的关联性。最大的挑战在于，我的决定能反映剧目的意图，有时，一个设计决定在历史上可能是准确的，但在剧本的背景下，对观众而言可能没有任何意义。我在戏服口袋设计上的方法与我在时装口袋设计上的方法大不相同。我的灵感来自各个角色、时期、戏剧背景、演员的功能需求，当然还有创意团队的看法。口袋可以象征性地用来揭示演员角色的信息。例如，松垂的、破旧的、过度伸展的口袋的外观可以使观众理解演员可能有收集小物件的习惯，需要随身携带物品，与之前关于奢侈的袋盖示例完全不同。

口袋可以从美学的角度将人们的注意力吸引到服装的某些部位或演员身体的某些区域，类似于我为时装设计口袋时所使用的设计原则。口袋与服装的比例、平衡和对比关系会更加突出。同样，口袋设计和位置可用来隐藏某些区域。

口袋可以怀旧地用来指代特定的时期。这些被置于服装外部的口袋，与20世纪40年代女性套装夹克的斜角度口袋不同，它们代表着一个不同的时代。

口袋可以有目的地来表达戏服的美学和功能组件。当演员穿着时，口袋需要与戏服相互配合。有时在彩排期间，由于演员需要的使用方式，我会被要求添加一个隐藏式口袋或提供一个不同的封口方式。

您认为口袋是针对性别的吗？这个概念在市场中是否正在发生变化？

我从来没有真正想过口袋是针对性别的，但是某些身份与某些口袋样式有关。我一直在研究适合特定角色的口袋设计。我认为口袋的位置会更具有性别的针对

图45 设计师布里安娜·普卢默设计的具有历史感的口袋

布里安娜·普卢默提供

性，而不是口袋本身。即使是我在女式服装上使用口袋时，西装外套的左上方的单嵌线口袋也确实具有一种男性化的感觉。

您还有什么要补充的吗？

我最近的设计研究是分析错视画法对服装设计的影响，特别是在口袋方面。如果仅仅是口袋的视觉需求，那么在服装上印上口袋的错觉是否可以被接受？其好处是可以减少制作时间和劳动力，减轻多层织物的重量和体积，提高服装的灵活性。在我不希望观众轻易识别的外部口袋的伪装下，错视效果也可以发挥作用。

图46 错视口袋（数码印刷在织物上）

结构设计教程

豆形双侧内插袋

一些历史服装拥有有趣的双层内插袋，口袋也延伸到了服装的后部。在本教程中，我们将展示这种口袋结构的变化形式。尽管此口袋位置的范例是针对服装的侧缝，但可以将其改到前中缝中。而且，口袋的形状是可以改变的，如这里建议的是豆子形状，其步骤是相似的。豆形口袋纸样的两个半片分别和前后片纸样裁片相合。整个豆形口袋的单独纸样裁片是从本身面料、衬里或适合口袋的轻质面料上裁出来的。口袋面料与外部面料的色彩相同或相近很重要，因为插袋边缘的开口处会露出口袋的面料。

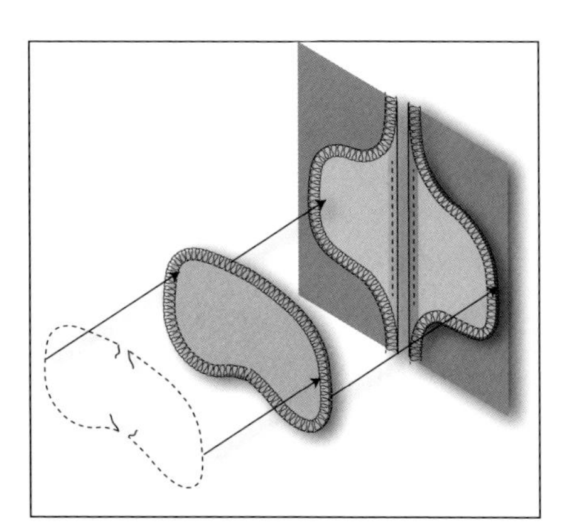

图47　结构设计图示

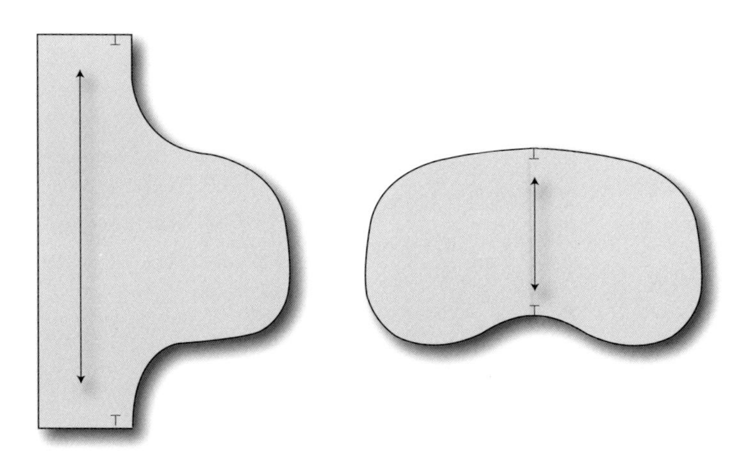

图48　本教程中用于裁制面料的纸样裁片

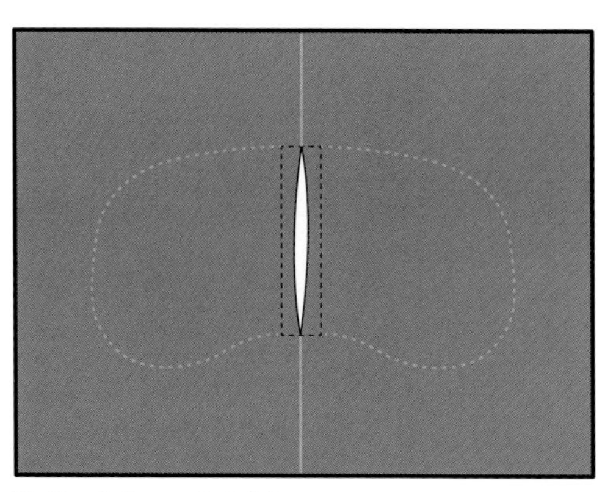

图49　完成后口袋的外部效果

步骤1

将裁剪出来的口袋布的布边进行处理，可以用机器锁边，或者用斜裁布条绲边。

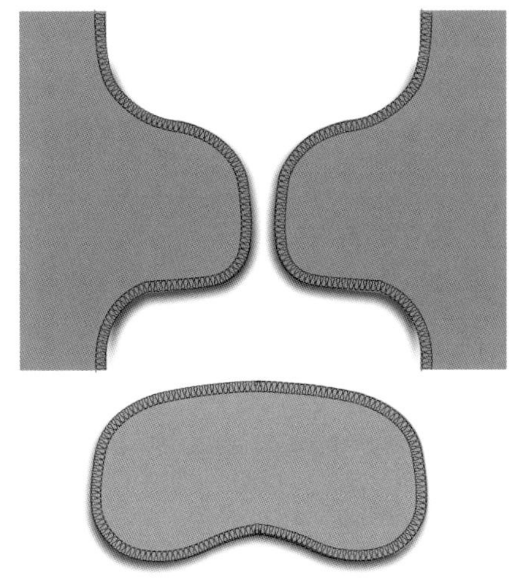

步骤1

步骤2

将侧缝的缝份折叠回去，并从口袋开口的边缘向两侧缉缝约6毫米的明线。加在明线开始和结束位置的回针起到加固作用。虽然这一步是可选择的，但其确保了口袋开口边缘可见，同时加强了耐用性。

步骤3

将豆形双层口袋布重叠，将左侧的双层口袋用明线约12毫米的缝份缝合在一起，从口袋开口处的上端开始，绕着口袋形状缉缝到口袋开口的末端。

步骤4

剪开缉缝口袋顶部和底部的转角，仅剪切到明线的位置，不要多剪。该步骤可以确保侧缝的缝份可以放入缝纫机的压脚中，并缝合口袋开口的上部和下部。

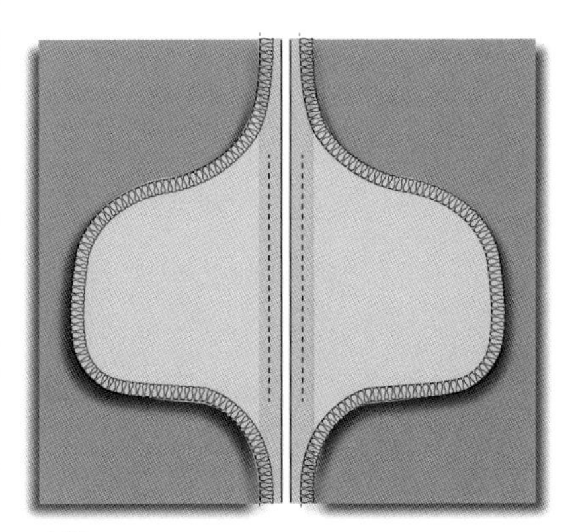

步骤2

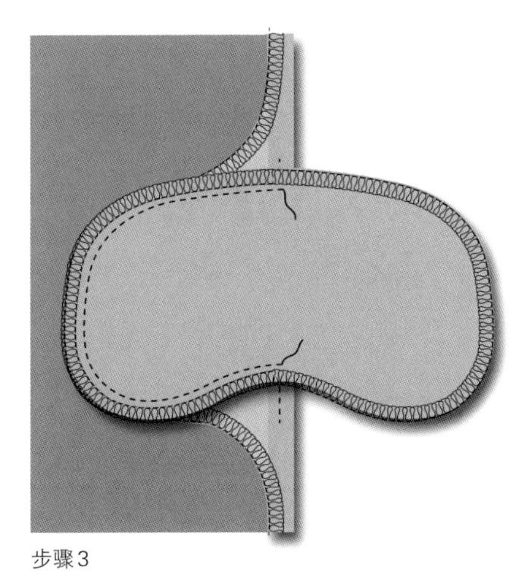

步骤3

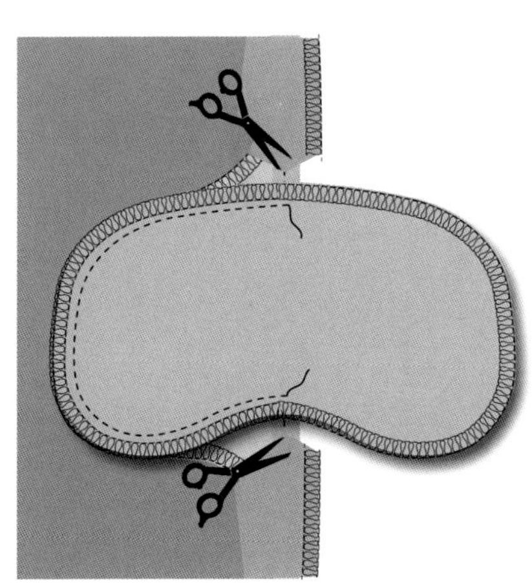

步骤4

步骤5

将口袋的右侧缝合好，并按照步骤4所示处理完成。

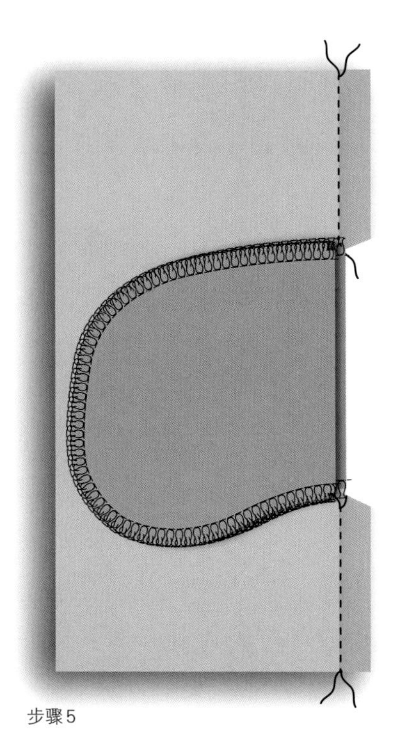

步骤5

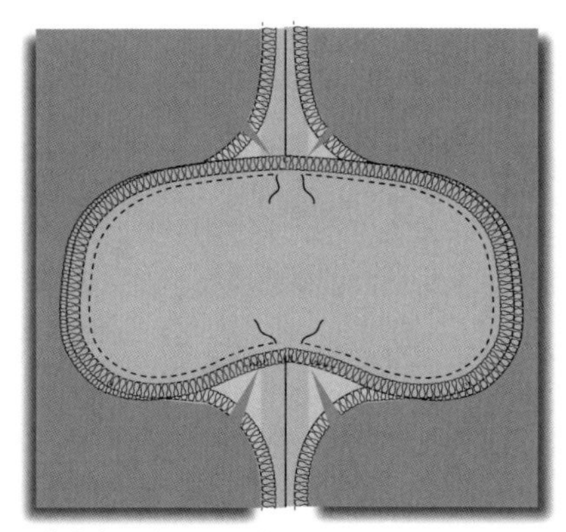

服装内部缝合后的口袋图

步骤6

将服装翻至正面，以水平线缝制口袋的上端和下端，并最终以矩形线迹表明口袋开口的位置。为了增强加固的效果，Z字形套结可以代替水平明线缝制。

修剪一下末端，以下为服装内部缝合后的口袋图。

图中的白色线迹不会显示在服装的正面。然而，如果这是你想要的设计元素，则在步骤6中沿着豆形口袋的轮廓进行缉缝，而不只是缉缝矩形的上端和下端，从而确保将底下的口袋稳固地贴合在服装的正面一层。

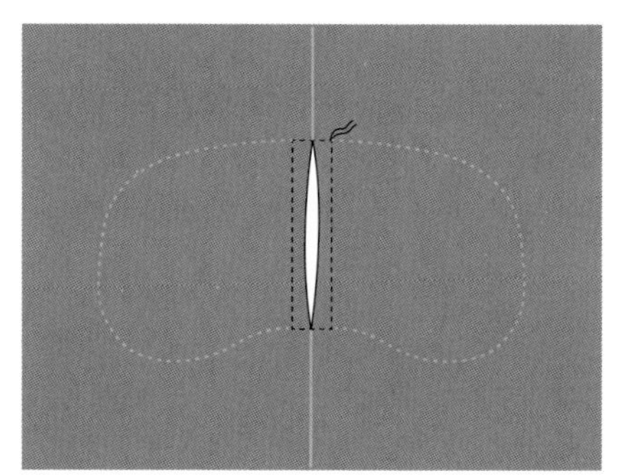

步骤6

设计挑战

选择一件带有口袋的历史服装，创作一件运用类似口袋设计方法的现代服装。展示你的设计过程并探索各种变化。准备一个作品集页面，展示你的设计方案。

清单

- 调研与灵感、情绪和色彩；
- 面料提案；
- 设计开发/草图；
- 白坯布和结构拓展。

别具特色的学生作品

设计师：米凯拉·杜布雷伊尔（Mikayla DuBreuil），2018年，特拉华大学时尚与服装研究系

项目描述

这个项目的挑战是设计一件外套，并对带有历史特色的口袋进行诠释。我选择把夹克衫的手表袋诠释为省道口袋，而不是插袋。我的设计过程从研究历史服装的廓型开始，然后加入可以体现当代特色的历史细节。我着迷于历史性资料的书法表现，所以我决定将这个元素融入夹克的设计。我选择了轻质的牛仔布，并增加了米色皮革和金色装饰的细节。

口袋设计过程

我在白坯布上用墨水笔书写文件的段落，并进行了面料再造，用衬里作为夹克的侧面拼片。从这一点上看，我的服装的焦点是侧面拼片上绘制的书法图案，这样一来，任何贴袋都会显得多余，我决定使用插袋。夹克的结构沿袭了历史细节，所以公主线是可以为造型提供缝线的唯一选择。然而，为了更好地诠释现代感，我想要打造一个箱形的形状，所以去掉了公主线，只保留了腰部省道，可以用来添加小手表袋，或从当下的时尚来看，用来放置口红或证件的口袋。口袋的衬里是牛仔布，与夹克的面料一致。

图50　调研和设计的过程1

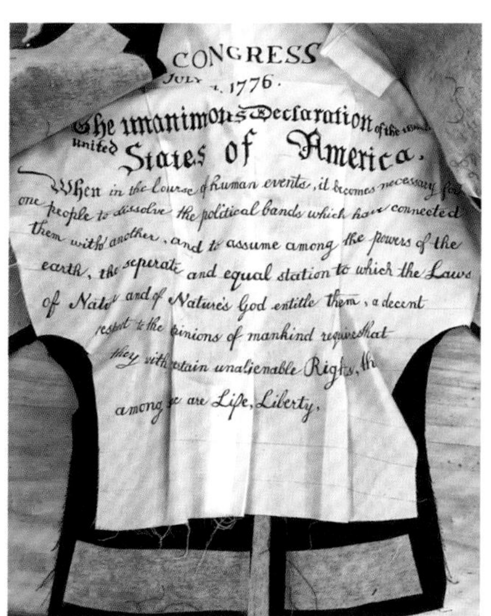

图51　调研和设计的过程2

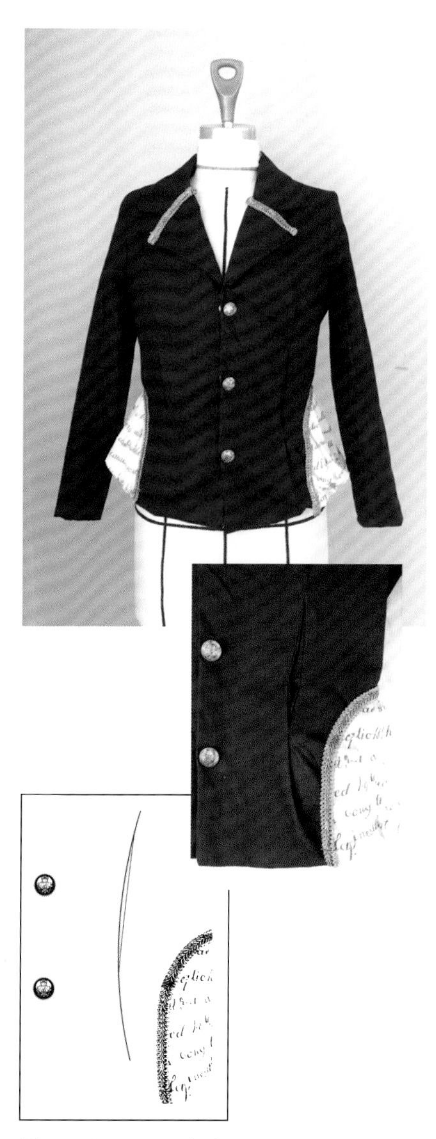

图52　米凯拉·杜布雷伊尔设计的口袋及细节

第3章　文化类服装的口袋

世界各地的口袋

服装、配饰，以及用来区分个人装饰的方方面面，不仅由于历史进程不同而不同，而且不同文化之间也存在差异。生活在世界不同地区的人们从发型到服装类型都有着不同的形式，这些文化差异始于传统，随着时间的推移，这种传统可能变化不大，并代表着一个群体的民族传统。

我们首先研究来自全球各地不同区域的人们所穿着的传统服装，以此来探索不同文化的服装。这种传统服装也可以被定义为民族服装。我们将看到不同文化的民族服装如何变化，以及设计细节，如口袋如何被纳入这些传统形式中。虽然有很多来自世界各地的民族服装口袋的例子，我们只选择了几个突出不同的构造方法的例子，作为当代设计师的灵感。

民族服装

源自中国

1929年，旗袍（Cheongsam）被我国人民选为民族服装之一。“Cheongsam”一词起源于中国南方，最终被“Qipao”一词所取代。20世纪30年代，这种时尚在上海非常流行。传统上，旗袍由纯丝绸面料制成，并绣有珍珠、装饰品和其他表面装饰。旗袍紧贴身体，勾勒出穿着者的身体轮廓。这种服装传统上没有口袋，因为它的修身效果使它具有局限性。

20世纪50年代到70年代，旗袍被视为一种源自古代的封建服饰，人们不再将它作为日常服装穿着。旗袍的结构细节，如具有强烈对比效果的绲边强调了领口、袖窿，以及旗袍的不对称和开衩，进而过渡到现代的服装。对比效果的丝绸绲边也被看作“亚洲风貌”，有时用来装饰开衩处的口袋边缘。

图1 2005年，在中国辽宁省沈阳市的一次展会上，中国模特们展示了“旗袍”

法新社（AFP，Agence France Presse）/斯特林格（Stringer）盖蒂图片提供

手工缝制的带有凹凸肌理的口袋嵌线的工作量是相当大的。在这个例子中，这个凹凸肌理效果的缉缝是通过机器来完成的。弯弯曲曲的单针线迹增加了服装的质感，而织锦缎表面的缎面则体现了针法的质感。同样地，这个设计细节也被用在丝绸口袋的边缘处作为一个必不可少的强化元素。

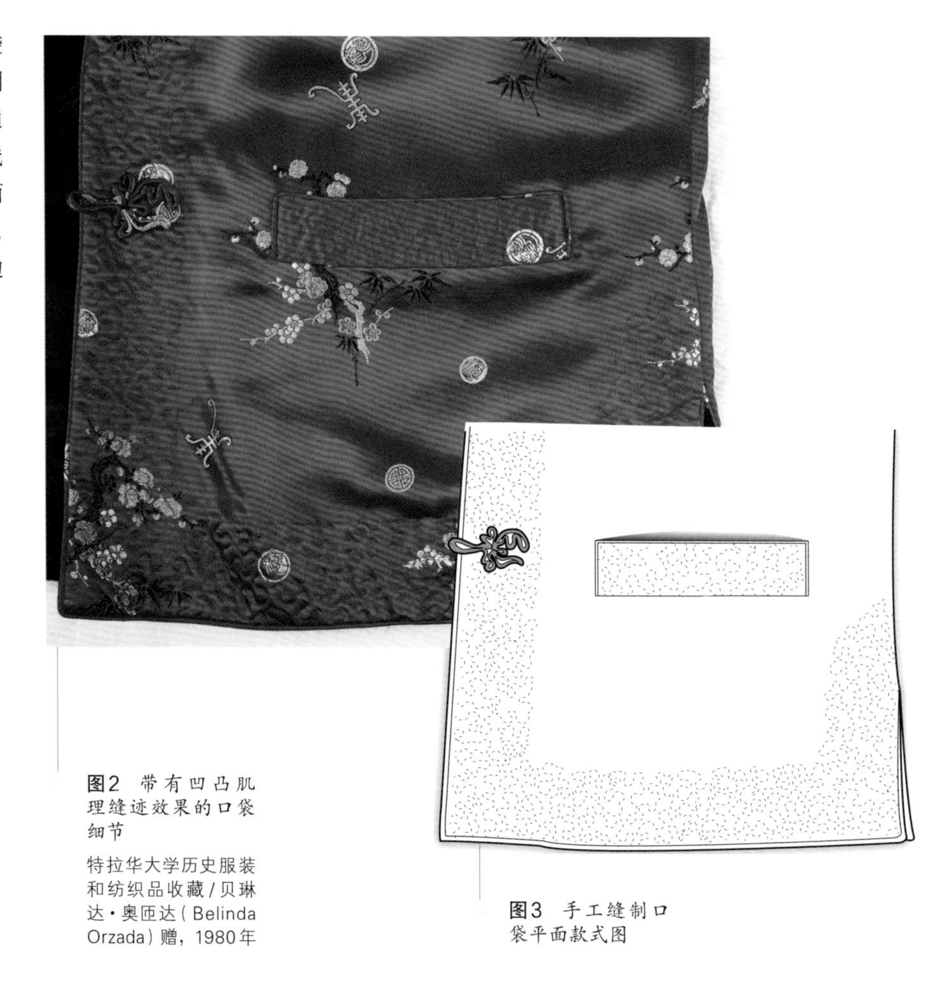

图2 带有凹凸肌理缝迹效果的口袋细节

特拉华大学历史服装和纺织品收藏/贝琳达·奥匝达（Belinda Orzada）赠，1980年

图3 手工缝制口袋平面款式图

结构设计挑战：旗袍口袋

近距离观察以旗袍为灵感的口袋，就会发现其口袋本身几乎看不出来什么特色，绲边装饰的开口似乎是服装整体装饰的一部分。口袋开口是曲线的，而不是常见的直边双嵌线口袋，这也使其结构更为复杂。由于服装采用的是精致细腻的丝绸面料，口袋边缘的绲边也成为一个美丽而必不可少的加固元素。

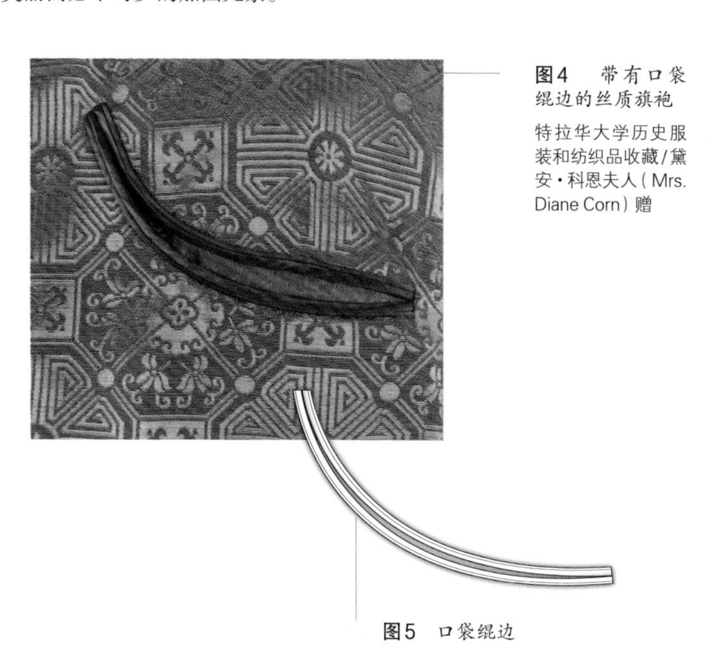

图4 带有口袋绲边的丝质旗袍

特拉华大学历史服装和纺织品收藏/黛安·科恩夫人（Mrs. Diane Corn）赠

图5 口袋绲边

源自西非

达什基（Dashiki）是一种色彩鲜艳的男性服装，在西非穿着广泛，非洲的其他地区也有穿着。它覆盖了身体的上半部分，长度及臀，也可以及膝，它有正式和非正式两个版本，有简单的披挂服装和定制套装两种样式。常见的款式是宽松的套头式服装，领口装饰华丽，边缘有刺绣，在腰部或臀部水平位置的贴袋用刺绣花边或对比印花来突出强调。有些款式长一些，胸前也有一个贴袋，边缘重复着裙摆的装饰。

然而，非洲不同地区的民族服饰各不相同，但大多数男性服装都有某种功能性的口袋，而且根据服装的正式程度或多或少地进行装饰。

飘动的宽袖服装，在左侧胸口部位有一个巨型的口袋，通常装饰着传统刺绣，是16世纪以来西非大部分地区的酋长和其他富有男性穿着的主要形式。阿格巴达（Agbada）是宽袖长袍的约鲁巴语（Yoruba）的名称，多在礼仪场合穿着。精美的古旧长袍已经成为父子之间的传家宝，在重大庆典上穿着会让人感到自豪。古老的阿格巴达长袍上绣有两种经典设计的变体，即“两把刀”和“八把刀”。人们认为这样的刺绣会对穿着者有保护作用，同时也具有实用功能，用来加固服装的口袋和领口。

图6 2016年7月7日，在加拿大渥太华举行的加拿大皇家银行蓝色音乐节（RBC Bluesfest）上，表演者Schoolboy Q穿着非洲达什基（Dashiki）进行现场表演

图7 20世纪80年代马里人的服装。在前片膝盖部位有一个带有袋盖和弧形开口的贴袋

文化学园服装博物馆（Bunka Gakuen Costume Museum）

图8 礼服长袍（Agbada），尼日利亚，棉、丝绸，20世纪中期

CC维也纳世界博物馆提供/作者沃尔夫·D

图9 艺术与绘画收藏，奥斯·威斯特-维尔克夫人（Frau Aus West-Wingåker），瑞典人

纽约公共图书馆数字馆藏，1874—1876年

源自瑞典

在欧洲大部分地区，宽松的口袋是民族服装的一种很重要的款式细节。在一些地方，它们很简单，穿在裙子或围裙下面；而在另一些地方，它们被装饰得很华丽，穿在最外层，至少在围裙的侧面可以看到一部分。

北欧博物馆网站上有大量这种口袋的草图，来自莱克桑德（Leksand），显示贴布绣和莱克桑德风格的手工刺绣的结合。

源自德国

皮马裤（德语为Lederhosen）是用皮革制成的马裤；它们要么很短，要么长到膝盖。其中，较长的通常称绑带马裤或及膝绑带马裤。在欧洲的许多地区，骑手和猎人都穿皮裤。但在德国南部，或巴伐利亚州，一种独特的风格出现了——一条长及膝的长裤，前面有一个垂下来的"袋盖"和几个口袋，前面的袋盖没有拉链或裤门襟，只有一个重叠部分，称为宽盖片，用扣子固定在腰部。

让我们更详细地看到皮马裤的口袋，注意服装上的不同类型和形状的口袋。有两种嵌线口袋，一种是带纽扣袋盖，另一种是单嵌线口袋，与侧缝相交。第三种类型是特殊形状的贴袋，专门用来装工具，而且只装在右腿上。第四种类型的口袋是腰部以下的袖珍的水平嵌线袋，也只在右侧，用来放置硬币等小物件。在口袋边缘另外缉有明线，用于加固接缝，将厚重的皮革边缘压平，也能提供装饰细节。

图10 瑞典妇女穿着带有刺绣口袋的宽松裙装，通常是装有顶针和针的针线包，悬挂在腰上

大众图片（VW pictures）/盖蒂图片提供

结构设计挑战：嵌线袋

该嵌线袋的特点是作为围裙的一部分。它是由黑色真丝缎制成，在下摆边缘和袋盖上都饰有错综复杂的彩色刺绣。口袋位于左侧，并倾斜一定角度，以适合穿着者的右手。然而，口袋的袋盖不便于手掌伸入，可以防止口袋里的东西倒出来，因此它更多的是出于审美目的，而非功能目的。

图11 丝质围裙，1868年，英国

纽约大都会艺术博物馆

图12 嵌线袋平面款式图

图13 纽约公共图书馆手稿和档案部“巴伐利亚人”

纽约公共图书馆数字馆藏

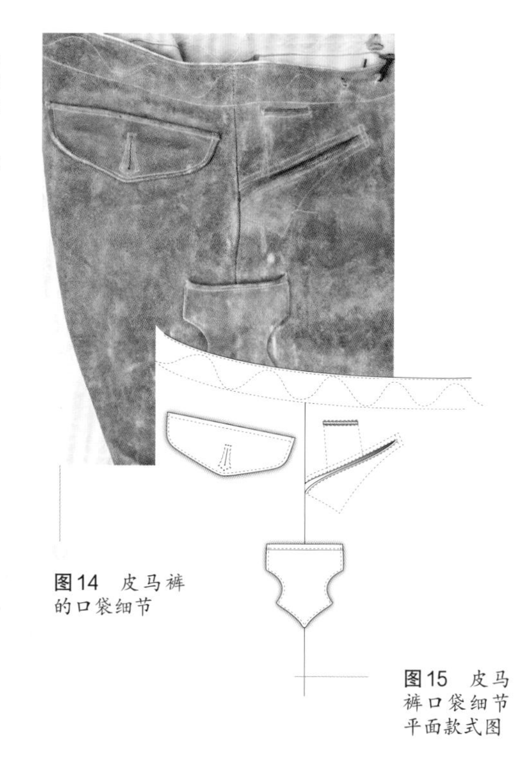

图14 皮马裤的口袋细节

图15 皮马裤口袋细节平面款式图

源自小亚细亚

卡夫坦长袍（Caftan），也拼作kaftan，通常被认为起源于小亚细亚和美索不达米亚地区，包括现在的土耳其、叙利亚和伊拉克的部分地区。公元前600年的古代波斯宫殿浮雕上描绘了男子长袍。13世纪，这种风格传到了东欧和俄罗斯，进入19世纪，长袍风格的变化为不同的基本款服装提供了模板。

卡夫坦长袍可以作为衬衫或裙子套头穿着，袖子长度可以到肘部或手腕，衣身长度可达脚踝。最初的卡夫坦长袍的设计和面料都很简单，如丝绸或棉布，质地轻盈。它们的穿着方式多种多样，但在当时的东地中海地区，人们通常在长袍的腰部束上腰带或饰带。口袋并不是设计的特色，但侧缝上的小开口可以让穿着者的手插入裤子腰部的悬挂口袋。

在奥斯曼帝国统治时期，由华丽的缎子和天鹅绒制成的各种长度的长袍，用丝线和金属线缝制而成，朝臣们穿着它以表明身份，并作为“荣誉之袍”送给来访的贵宾。男式卡夫坦长袍通常在下摆部增加插片，这样服装下摆就可以展开以便于行走。伊斯坦布尔的托普卡皮皇宫博物馆（The Topkapi Palace Museum）收藏了大量保存完好的古代苏丹长袍。

女式卡夫坦长袍从一开始便更贴合身体。女性更倾向于增加腰带或饰带，并且在侧缝中会有内插袋，可以用重工刺绣来将口袋开口“隐藏”起来。

图16 巴尔干半岛，阿尔巴尼亚，1870—1879年的女式外套。口袋状的缝隙被带有棱纹的饰带环绕着，这也使边缘更加坚固

特拉华大学历史服装和纺织品收藏/温特图尔博物馆赠（Winterthur Museum）

源自印度

如今，在印度北部和巴基斯坦，一些类似于中亚风格的服饰很流行。男性和女性都穿一种叫做卡米兹（Kamiz）的宽松长袍（Tunic），还有沙瓦（Salwar），一种宽松的裤子，踝部狭窄，腰部系带。男性和女性所穿着的沙瓦卡米兹（Salwar Kamiz，两件式套装）版本在美学上非常相似，但是有不同的结构和款式。

儿童也穿同样风格的沙瓦卡米兹服装。巴基斯坦妇女已经把沙瓦卡米兹作为她们的民族服装。在户外，许多妇女在沙瓦卡米兹之外穿罩袍。在旁遮普（Punjab）地区，人们都穿一种更长的宽松长袍，称为库尔塔（Kurta），连同沙瓦一起穿着。

大多数成年男性和男孩的库尔塔斯衬衫和卡米兹长袍都有插袋，延伸到服装的前面和后面，口袋的底部设计较长，可以折叠起来，也可以在侧缝长长的开衩位置看到。

图17 传统的印度库尔塔，带有隐藏式插袋；从服装外部看到的细节，以及内部干净利落的缝制细节

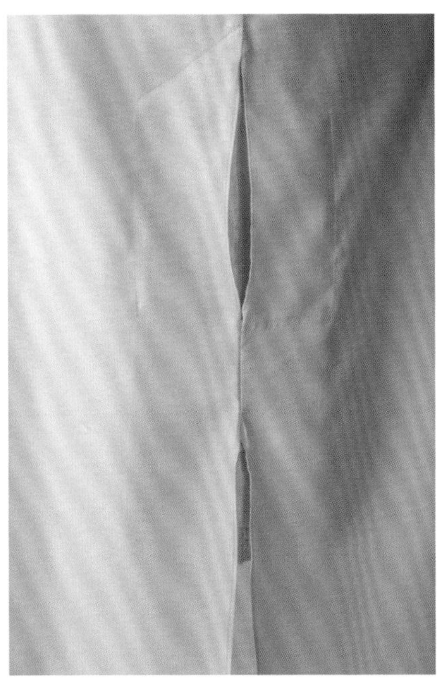

源自巴基斯坦

俾路支人（Baloch，Baluch）主要居住在巴基斯坦、伊朗和阿富汗的伊朗高原东南边缘的俾路支省（Balochistan）地区，以及阿拉伯半岛。俾路支人穿着巴基斯坦的民族服装，即沙尔瓦·卡梅兹（Shalwar Kameez），他们对传统服饰的手工艺和文化做了独特的补充和修改。俾路支妇女穿着轻便、宽松的连衣裙和裤子，配以精致多彩的手工刺绣，包括一个大口袋，在裙装的前中心部位用来放配饰。带有一个三角形上部结构的长方形口袋绣有与服装其他部位相同的纹样。口袋最初是为了收纳小物件，但实际上几乎不可能从狭长、华丽的口袋中取出这些物件。因此，口袋具有更多的装饰功能，而不是实用功能。钱、钥匙或其他小物件被装在系于腰间的袋子中。俾路支人带有口袋的连衣裙更多的是在较为保守的地区穿着，但是时尚的俾路支女孩所穿的俾路支连衣裙是没有口袋的。

世界性服装

我们已经看了几个来自世界各地不同文化背景的口袋设计的例子。随着来自不同文化背景的人们旅行和接触新的服装形式，服装样式开始变得更加普遍。越来越多的交流和信息导致了越来越多的服装全球化样式。世界性服装以相似的服装风格和装饰，从欧洲到亚洲，几乎出现在全球各个角落。世界性服装是当地民族服饰和西方风格的融合。最常见的例子是男式衬衫。

英国风格的礼服衬衫的特点是面料挺括，前门襟有小扣闭合，领角硬朗，袖口有袖克夫。这种服装是从一件较长的、穿在宫廷外套内的内穿衬衫演变而来的较短的服装，既可以穿在西装夹克里，也可以作为一件更休闲的衬衫单独穿着。现在，更为正式的衬衫被称为礼服衬衫。

英国的正装衬衫没有口袋，但是美国的标准衬衫通常在穿着者的左侧有一个口袋，这是一个直接缝上去的贴袋，袋口有一个简单的双折边，边缘处有明线，用一个纽扣来闭合。这个小小的口袋足够装一些小物件或几支笔。非正式的衬衫可能有更大的口袋，多个口袋，或带有各种袋盖的口袋。撒哈拉风格或其他军装风格的衬衫通常有两个带纽扣袋盖的大口袋，非正式的衬衫在袖子上也可能有小口袋。

世界性的礼服衬衫的相似特征，可以以菲律宾为例：巴隆（Barong）具有挺括的面料、前门襟纽扣、硬朗的立领和带有袖克夫的长袖。然而，透明的白色面料和

图18 俾路支地区的传统妇女服装，在前面露出长口袋。丝、棉和金属丝

Attiro网站提供

图19 胸部有口袋的经典男式衬衫

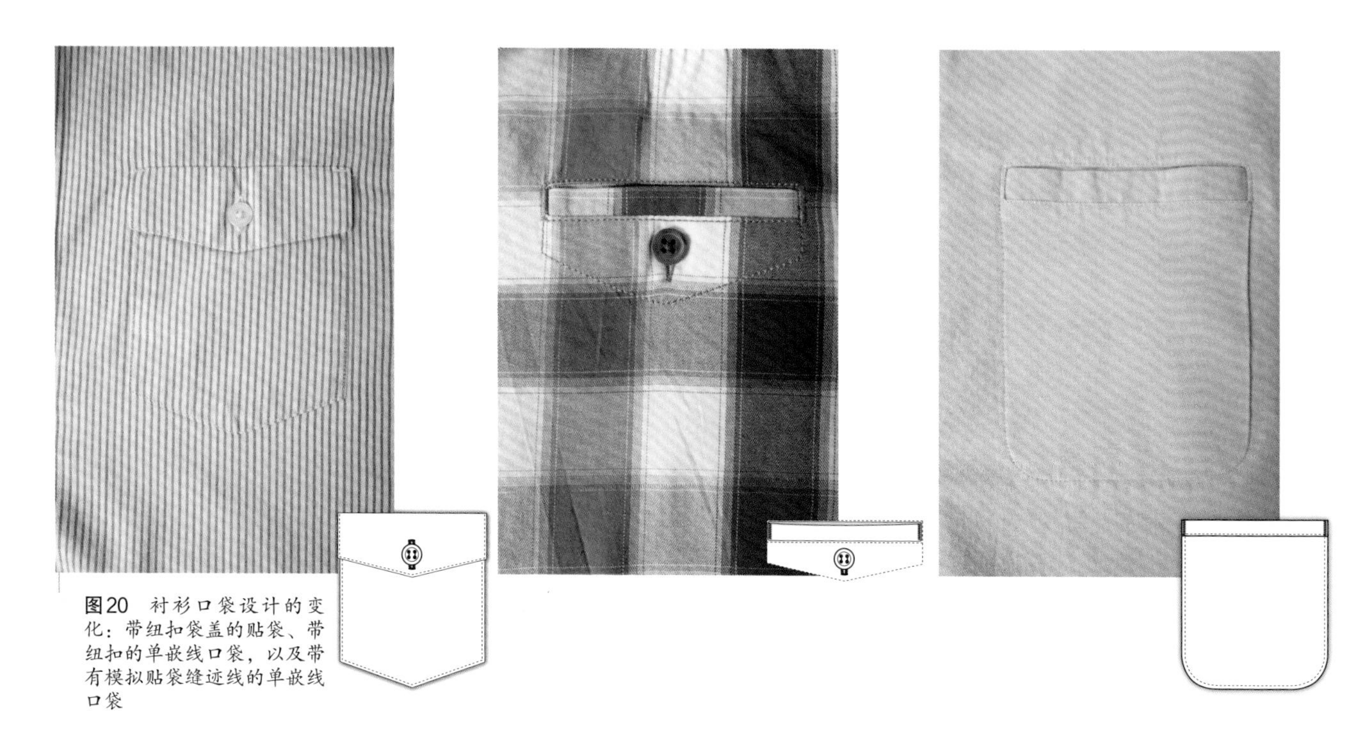

图20 衬衫口袋设计的变化：带纽扣袋盖的贴袋、带纽扣的单嵌线口袋，以及带有模拟贴袋缝迹线的单嵌线口袋

精美的刺绣使这件服装具有菲律宾文化特有的细节。在西方风格的影响下，这是民族服饰变为现代样式但仍能保持各自文化特征的例子。

就像美国人所穿着的西式衬衫一样，其实际上源自墨西哥。墨西哥牧民所穿的服装是我们今天所知道的西式衬衫设计的基础。牧民们，或称牧童，过去常穿传统的拉丁美洲褶裥衬衫，被称为瓜亚贝拉斯（Guayaberas），这也启发了西式衬衫的特色育克细节。这些与老式制服配套穿着，为定制的紧身衬衫廓型提供了基础。

瓜亚贝拉衬衫是一种传统的男式衬衫，也被称为"古巴"（Cuban）衬衫。确切的起源尚不清楚，但最广为人知的故事是，在18世纪的古巴，一位农民要求他的妻子在他的衬衫上缝口袋，方便携带他的劳动成果。

今天，瓜亚贝拉衬衫象征着拉丁人的优雅。与美国人的蓝色牛仔裤、法国人的

图21 巴隆塔加禄衬衫（The Barong Tagalog shirt），是一种刺绣正装衬衫，被认为是菲律宾的民族服装。它没有口袋，但侧面开衩很长，男士可以把手伸进裤子口袋。它很轻，可以穿在内衣外面

贝雷帽和印度人的库尔塔斯一样，瓜亚贝拉衬衫是古巴、墨西哥、波多黎各和哥伦比亚等国家的主要服装。

西式衬衫或牛仔衬衫的定义，是以其在前、后片都有独特的育克和标识性口袋来定义的，如“巴斯托（Barstow）”[李维斯·斯特拉斯公司（Levi Strauss & Co.）对单育克口袋的称呼]或“锯齿（Sawtooth）”[李维斯·斯特拉斯公司（Levi Strauss & Co.）另一个术语，意为双育克口袋]。西式衬衫通常用按扣代替纽扣，以减少工人缝补的需求。

西式衬衫的另一个独特元素是微笑口袋，是因为牛仔们华丽的歌声而流行起来的。微笑口袋有一个弯曲、有角度的开口，通常用有对比效果的绲边来强化箭头形状的视觉焦点。

图22 瓜亚贝拉衬衫装饰有刺绣的贴袋，其主要特点是：正面有两个或四个贴袋，还有两排垂直的小褶裥[称为塔士多（Tuxes）晚礼服]和/或刺绣，直下摆意味着可以不用将下摆掖进裤子里

女性所穿着的西式衬衫样式有所变化，板型更合身，刺绣更色彩艳丽。

故事是这样的。约三百年前，一位农民的妻子用针线缝制丈夫的工作服。她在衬衫前片缝制了四个大口袋，使她的丈夫能够轻松挑选和携带番石榴。古巴人声称它起源于古巴圣斯皮里图斯（Sancti Spiritus）的亚亚博河（Yayabo River）附近。墨西哥人认为尤卡坦人（Yucatans）发明了这种衬衫，而古巴人复制了它。

Artofmanliness网站

图23 穿着牛仔衬衫的男孩们，以贴袋的变化为特色

休斯顿大学提供

图25 20世纪50年代风格的带有微笑口袋的西式衬衫，随着牛仔的歌声流行开来

Courtesy of Educationeducation-education 提供/知识共享署名许可（CC BY）

图24 牛仔衬衫贴袋的变化

锡拉丘兹大学苏·安·吉纳特（Sue Ann Genet）服装收藏提供

意大利家居服（Italian house dress），维斯塔吉丽塔·因克罗夏塔（Vestagliatta incrociata），以及它那不起眼的口袋，既反映了战时的配给，也反映了妇女在家庭角色中的不断变化。这是一种公认的家居服，黛安·冯·芙丝汀宝（Diane Von Furstenburg）正是受到这款服装的启发，设计出了如今在全球职业女性衣橱里随处可见的百搭裹身裙。绲边口袋和简单的印花图案是节俭和标准化时代审美表达的唯一标志。这款衣服的口袋很小，可以用来装手帕等私人物品。

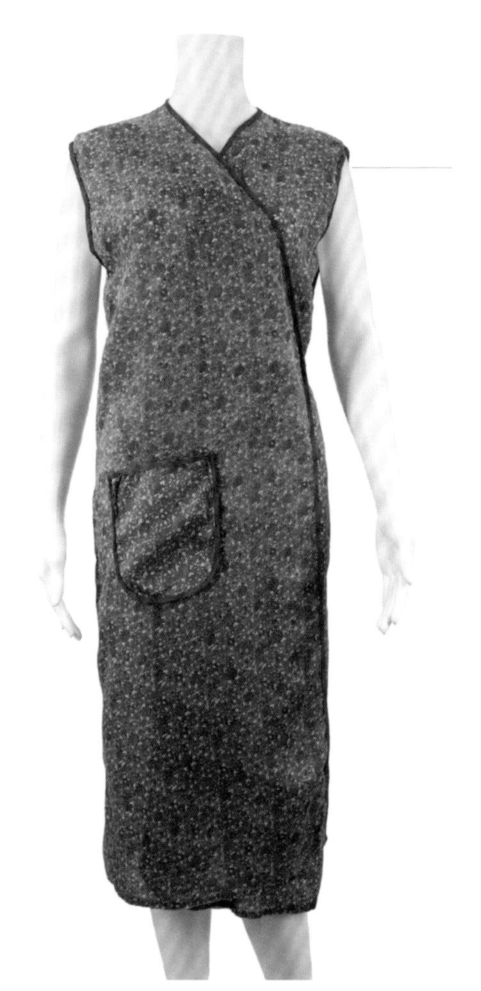

图26 意大利家居服样式

图27 黛安·冯·芙丝汀宝棉裙，2004年。作为意大利家居服的一种变化样式，这款设计的特点是在腰部下采用了隐藏式口袋，而不是贴袋，看起来更优雅

凯斯·贝缇（Keith Beaty）/盖蒂图片（Getty Images）提供

现代中式服装（Chinese Tunic Suit）是中国传统意义上的中山服（Zhongshan Suit）。1949年后，人们广泛穿着这种套装。

“中山装”因孙中山先生而得名，他结合了东西方的风格，以日式学员制服为基础，设计了一款带有翻领和五到七个纽扣的外套，并将西装上的三个内袋换成了四个外贴袋，两个大的贴袋在腰部位置，两个小的贴袋在胸部位置，只有一个内袋。经典的中山装都有下部可扩展的口袋，上下口袋都有带有纽扣的袋盖。仔细看看中山装，你会发现它的廓型方正，矮领，四个贴袋（胸前口袋上带有尖角的袋盖设计），而且没有驳头。外套只有一层，而且是无衬里的，不像西式外套那样是全衬里。这种外套的标准袖口扣为三个。

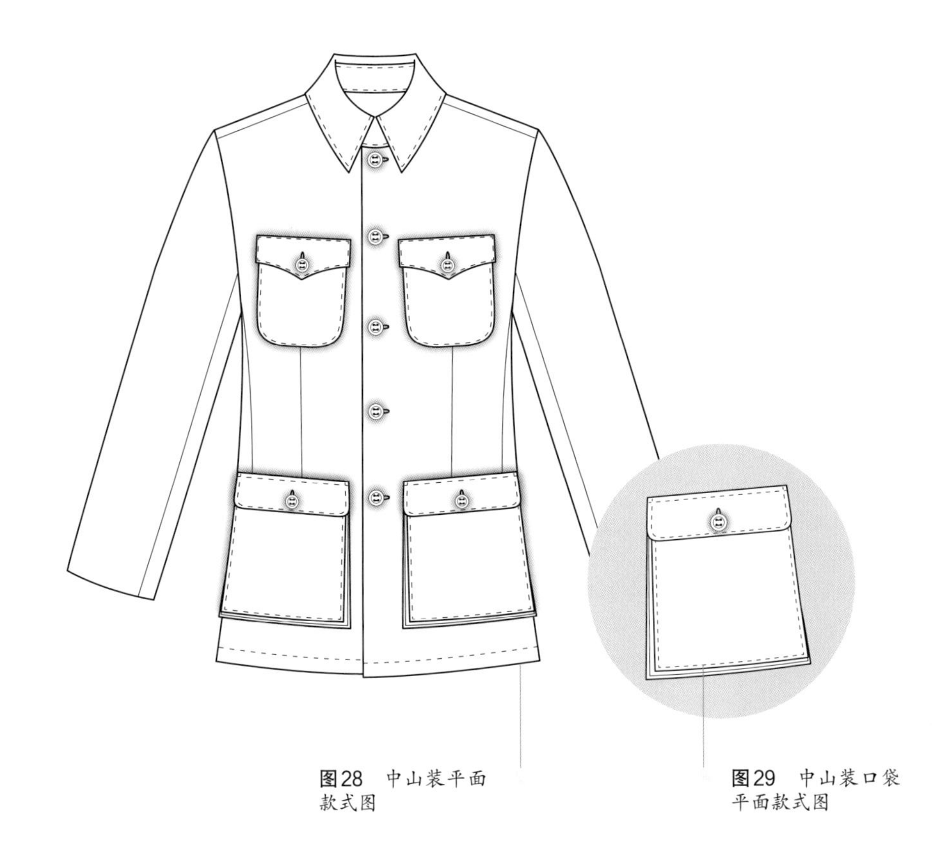

图28 中山装平面款式图

图29 中山装口袋平面款式图

尼赫鲁服装（Nehru Suit）在印度和东南亚周边国家占主导地位，历史上与中山装相似，但略有不同。这种夹克与普通西装夹克的区别在于它的中式领（Mandarin Collar），这原本是印度北部宫廷服装的一部分。尼赫鲁服装剪裁合身，不像传统的中山装那样方方正正，除了中式领和全里外，其他元素都采用了英式经典的男装剪裁。

尼赫鲁服装的一个更轻便、更实用的版本是无袖的，在印度广泛穿着。这种服装看起来像一件西式马甲，因为它没有袖子，比普通的外套略短，包括标志性的中式衣领和嵌线口袋。胸部口袋通常装饰有一条折叠的彩色丝巾或口袋延伸成一个三角形的形状。

尼赫鲁外套通常穿在简单的库尔塔外面。然而，更休闲的生活方式促使库尔塔的设计有更多发展，以至于其成为日常服装。因此，口袋细节的变化随着男式库尔塔穿着场合的变化而蓬勃发展，具体的细节，如对比效果的彩色线、按扣、拉链和袋盖，都成了潮流元素。

图30 T台上的库尔塔时尚，胸前有口袋和具有对比效果的贴边。2013年，在安比谷（Aamby Valley）印度婚礼服时装周上，一名印度模特展示设计师拉格哈温德拉·拉索乐（Raghavendra Rathore）的作品

STRDEL/法新社（AFP）/盖蒂图片提供

图31 库尔塔服装口袋细节

访谈

阿米特·阿格瓦尔，设计师

2002年，阿米特·阿格瓦尔（Amit Aggarwal）从新德里国家时装技术学院（National Institute of Fashion Technology）毕业后，他的作品通过参加学生设计比赛在世界各地展示，并很快开始与印度一些较有成就的设计师合作，比如塔伦·塔利亚尼（Tarun Tahiliani）。创立MORPHE之前，在2008年作为创意组合（Creative Group）的一部分，他曾领导Creative Impex设计团队与其合作。2012年5月，他推出了自己的同名品牌"阿米特·阿格瓦尔"（Amit Aggarwal）。

阿米特·阿格瓦尔在印度时装周的首次时装秀被*Vogue*印度版誉为2012年最佳时装秀之一，而《嘉人》（*Marie Claire*）印度版和*Elle*印度版都宣布他为最优秀的印度年轻设计师。他收到荷兰建筑学会（Dutch DFA）邀请到阿姆斯特丹作为设计代表团的一员，并最终入围了英国协会颁发的青年创意企业家奖（British Council's Young Creative Entrepreneur Award）。

2011年9月，阿米特·阿格瓦尔与艾维达（Aveda）合作，在巴黎举办了一场发型和妆型趋势发布会，展示了自己的品牌。2012年8月至2013年1月，他的作品在哥本哈根阿尔肯当代艺术馆（Arken Museum）展出，展示未来的艺术和时尚。他最近被印度的TED国际会议（Technology Entertainment Design）邀请做一个关于时尚、时尚的未来，以及时至今日他的旅程的演讲。

图32 阿米特·阿格瓦尔
阿米特·阿格瓦尔提供

在您的设计中，口袋扮演什么角色？您能举例说明您的设计方法吗？

不管我们的时装有多复杂，我们都会设置一个伪装的小口袋，给一位女士提供空间来存放她的必需品。这样一来，她就可以很方便地为其琐碎物件保留一个区域，否则她将不得不携带一个包。而在成衣中，我们开发了带有箱形褶裥等结构细节的三维立体贴袋。网状贴袋是2016年春夏发布会的设计，作为T台展示，我们在口袋里面放置了好玩的物品。在2017年春夏发布会中，我们尝试了将童年时代口袋里的东西作为创作理念，后来发展成为透明的区域和空间，用来存放记忆中的各种各样的物品。

在您的作品中，形式和功能之间是什么关系，包括您如何整合材料和设计元素？

我们的时装所体现的奢华而又戏剧化的形式可以在成衣线路中找到依据。现在的形式不仅美观，而且充满智慧。任何未能实现其功能的产品最终都会被丢弃并变成工业废物。我喜欢的是将这些"不再可用"的物体分解成用于制造它的原材料，然后赋予原材料新的身份。在2016年春夏的成衣中，我们回收了使用过的聚乙烯袋子，并将其与甘姆夏（Gamcha，一种印度毛巾）并置在一起，结果成为一种非常独特的纺织品。我喜欢这种材料的游戏，我们可以改变其身份，变废为宝，这样就可以委以他用，并对过度消费进行反思。

图33　阿米特·阿格瓦尔设计作品展示三维立体贴袋的细节

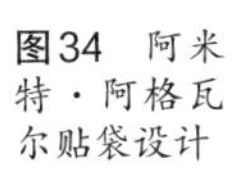

图34　阿米特·阿格瓦尔贴袋设计

图35　阿米特·阿格瓦尔透明网眼口袋

图36 阿米特·阿格瓦尔装有珠子的透明口袋凸显了肌理设计的细节

阿米特·阿格瓦尔提供

结构设计教程

瓜亚贝拉（Guayabera）衬衫口袋

经典的瓜亚贝拉衬衫具有与其他男式衬衫相区别的细节元素：四个贴袋，胸前两侧有两排细褶，在衬衫后片有三排细褶，侧开衩有纽扣进行闭合，另外还有圆齿形细节和装饰纽扣。

瓜亚贝拉衬衫的一个有趣的结构特征是，褶皱是单独制作于织物条带上的，然后附着在衬衫和口袋上。

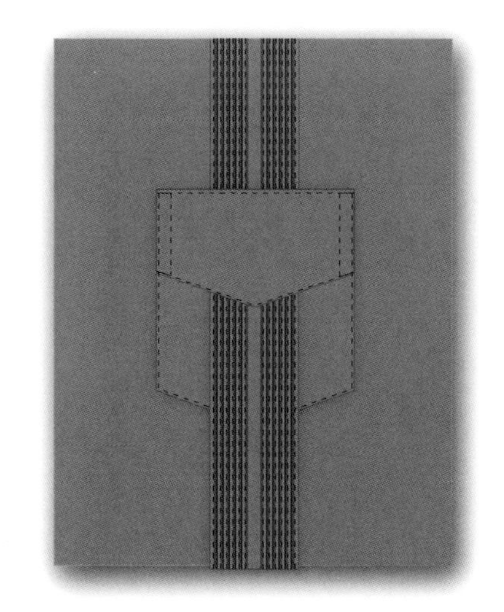

图37 瓜亚贝拉衬衫口袋细节

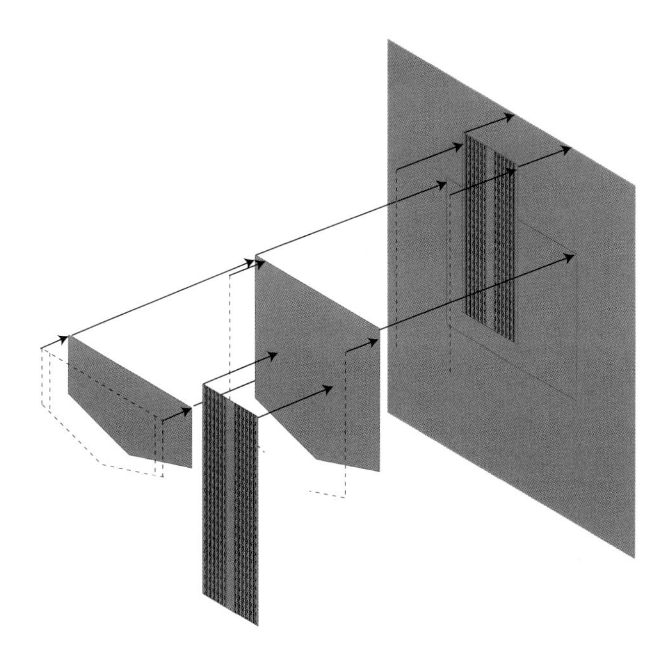

图38 瓜亚贝拉衬衫口袋制作细节图示

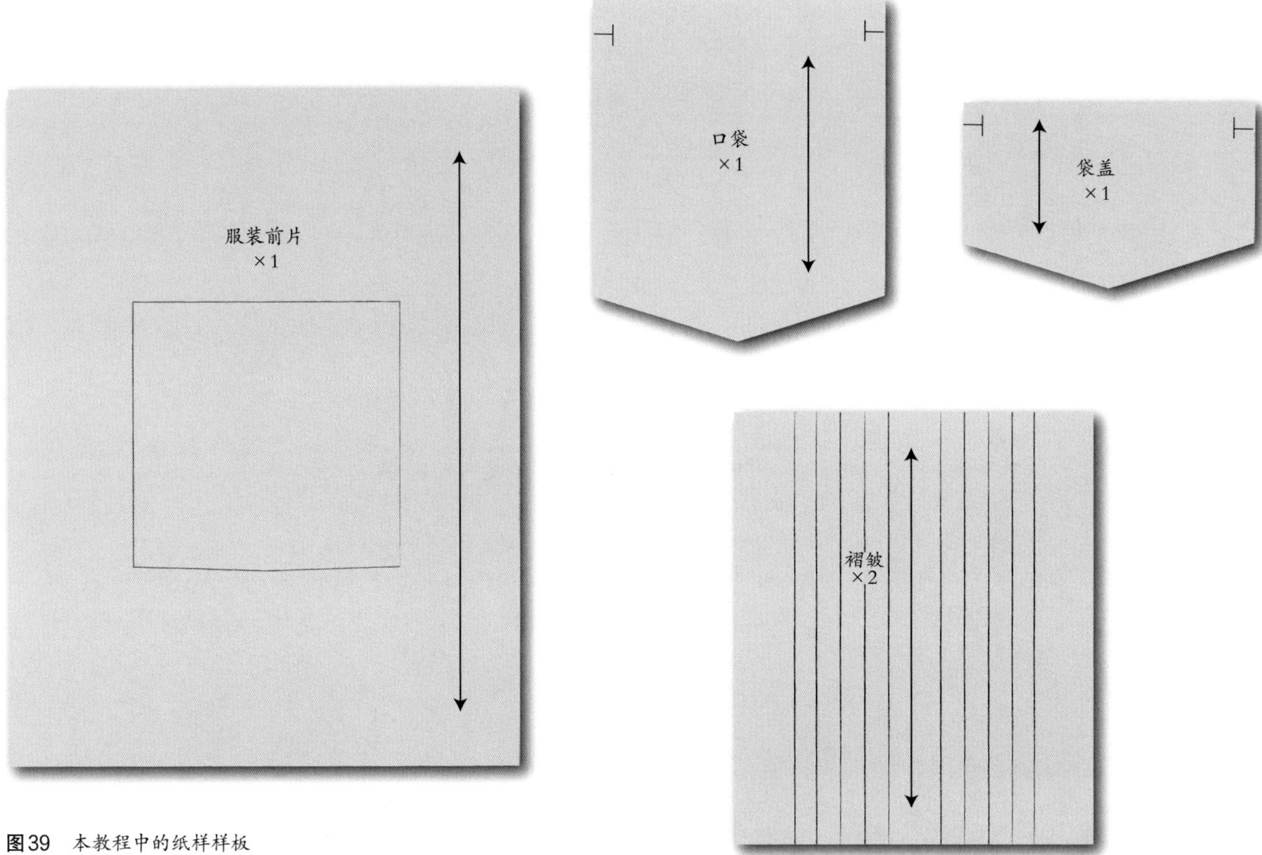

图39 本教程中的纸样样板

步骤1

先用细褶制作两条单独的条带。一条直接贴缝在衬衫上，另一条贴缝在口袋上。根据所需的褶数计算裁剪布条，每个褶皱大小约3毫米×3毫米，因此构成每个褶皱的明线距离约3毫米，褶皱与褶皱之间也有约3毫米之间的距离。另外，在每个条带的垂直末端可以预留出约6毫米的额外的缝份，以便稍后连接到服装的前片。用一支可消色的铅笔在织物上标出缝线，重要的是要缝直和均匀，因为每一个小的偏差都可能导致条带不均匀；熨烫时，可将两半部分的褶皱向两边压平，这样就能在带子中间制造一个更大的区域。

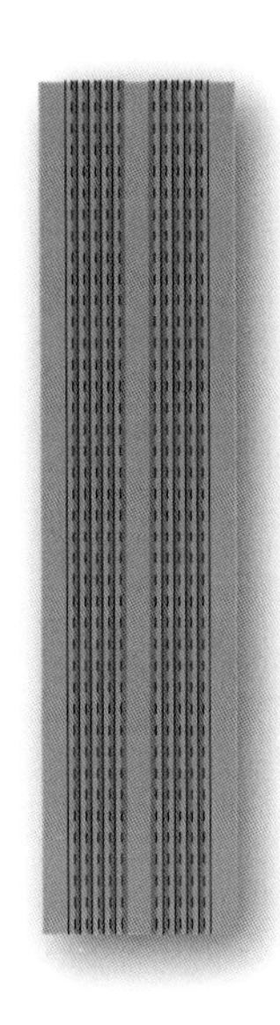

步骤1

步骤2

用可消色的铅笔标出矩形口袋的位置，并将细褶布带置于口袋开口的中心位置，内部距离口袋边缘至少约25毫米。将条带的垂直边缘折叠约30毫米，并在距褶子边缘约3毫米处用明线贴缝到衬衫的前片上。贴片上的明线应与余下的细褶保持均匀。

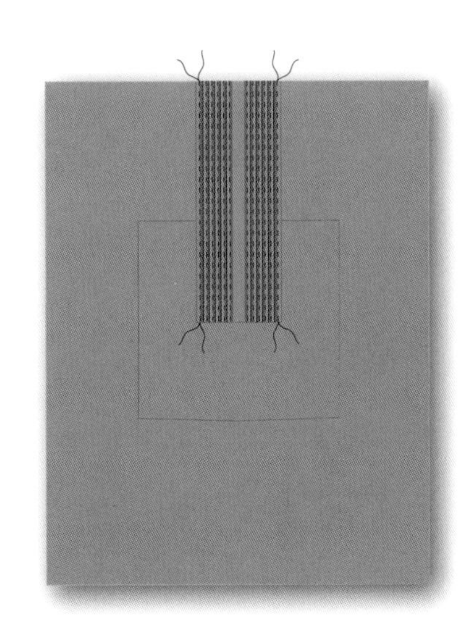

步骤2

步骤3

分别裁剪两个口袋裁片，将分开的袋盖部分缉缝到矩形裁片的上部边缘，将口袋组装好，距离对齐位置约6毫米。

步骤4

将袋盖朝后翻折并缉缝明线，距离折叠边缘约3毫米。

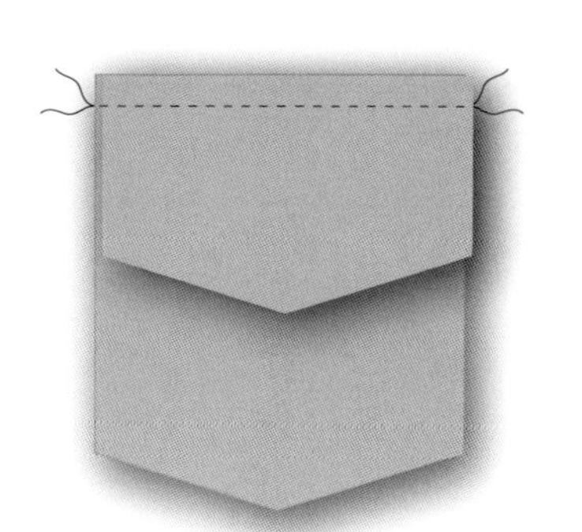

步骤3

步骤4

步骤5

将第二个细褶布条贴缝到口袋上，使用大头针将袋盖边缘折叠约6毫米，同时将细褶布条居中并插入袋盖下方约25毫米处，位于袋盖和口袋裁片之间。将口袋的底部边缘也进行折叠，暂时使用大头针固定边缘翻折，同时将细褶布条以明线的方式缉缝到口袋上。

步骤6

在距离袋盖边缘约3毫米处缉缝明线，需要非常小心地在细褶布条中间形成袋盖的V字形。

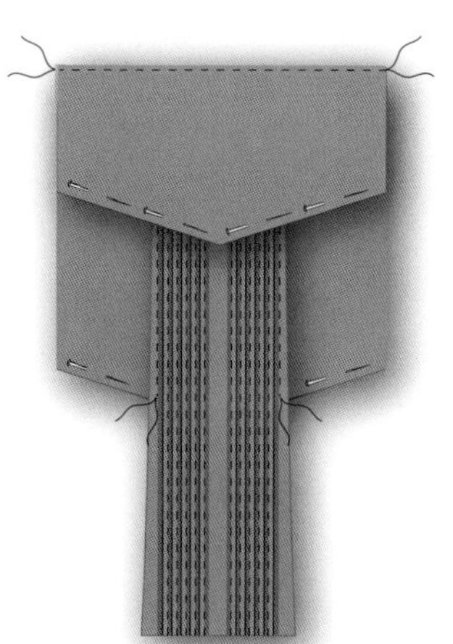

步骤5

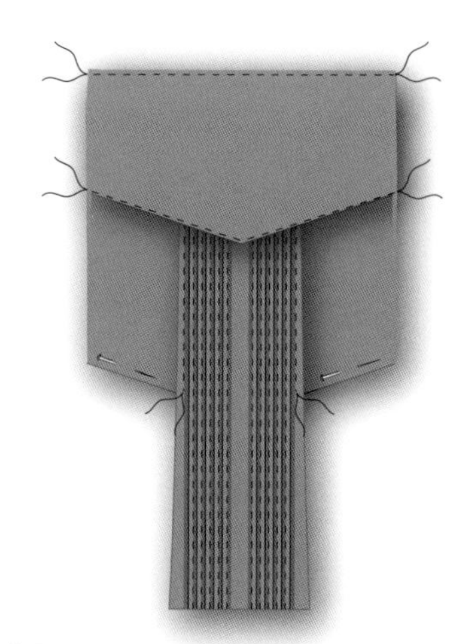

步骤6

步骤7

将口袋的垂直边缘折叠6毫米，并运用大头针将口袋布固定在衬衫上预先标记的位置。两个细褶部件应垂直对齐。

步骤8

通过在右侧垂直边缘处缉缝明线将口袋贴缝在衣身上，从袋盖线向里6毫米开始，先朝着口袋的上部边缘缝合，然后转向口袋底部边缘，再向左跨过细褶布条，再次转向并在细褶布条底下进行缝合，与细褶的3毫米保持一致。

步骤9

重复步骤8贴缝口袋的左侧。

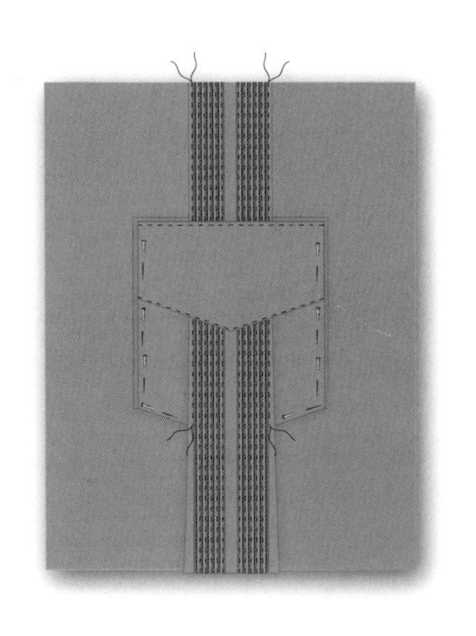

步骤7

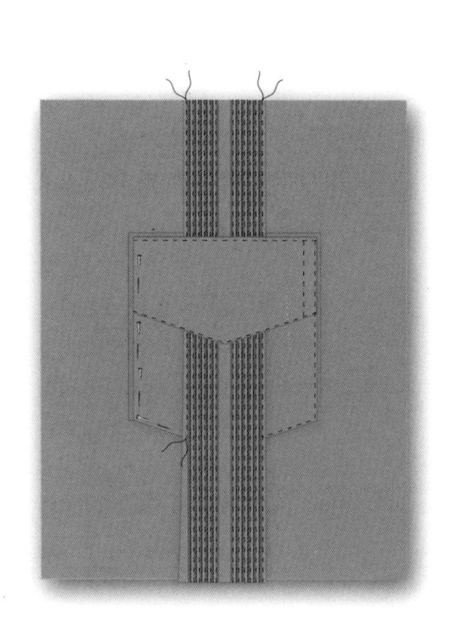

步骤8

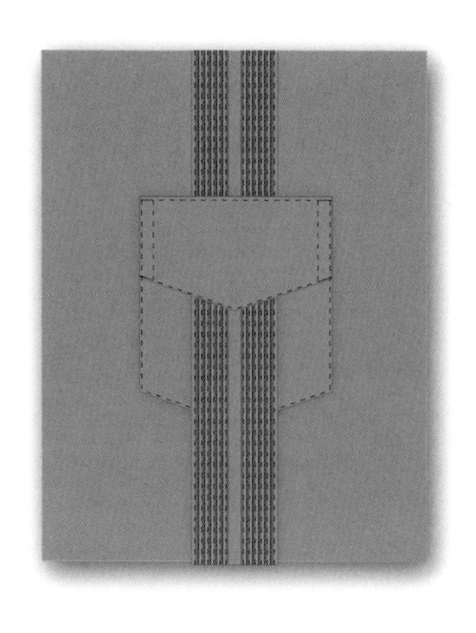

步骤9

设计挑战

选择带有口袋的文化类服装，并创造出具有相似口袋构成方法的现代服装。展示您的设计流程并探索其变化。准备一个作品集展示您的设计方案。

清单

- 调研与灵感、情绪板和色彩板；
- 面料提案；
- 设计拓展/草图。

别具特色的学生作品

设计师：丹尼勒·杜巴耶-贝特斯（Danielle Dubay-Betters），2017年，特拉华大学时尚与服装研究系

项目描述

我的*Kin*系列的灵感来自少数民族妇女亲自动手对纺织品进行再利用的实践，以及全球化和技术共享的不断进步。在整个系列中，手工刺绣技艺和天然纤维与乙烯基、塑料和金属硬件共享空间，以展示对传统做法的逐渐颠覆。

口袋设计过程

对于这个口袋，我想使其与其他服装中已经出现的绗缝效果相呼应，并在原本透明的外套上创造一个沉重的标点符号。我从几个三角形纸板开始，尝试不同的分层配置，直到我发现了一些视觉上引人注目的东西。在哪个位置和如何使穿着者的手更加适合则是次要的考虑因素。这个口袋更侧重形状而不是它的实用性。

图40　调研工作和设计过程

图41 布满彩色线的乙烯基口袋细节

第4章　功能性服装的口袋

图1　高·尤尼·凯米秀（Gyo Yuni Kimchoe，韩国设计师），伦敦时装周，2015年春夏

丹尼·E.马丁戴尔（Danny E. Martindale）/斯特林格（Stringer）/盖蒂图片（Getty Images）提供

实用口袋的出现是为了帮助穿着者携带物品。因此，服装上的口袋放置是会受到一定限制的。例如，穿着者要能够得到口袋中的物品，以及确保物品不丢失，或者对穿着者的安全不造成伤害。此外，实用口袋的形状和大小决定了可携带的物品的形状和大小，因此，口袋是由三维立体结构构成的，如三角形插片、褶裥、省道等。

军用服装

从衬衫到外套，当代男装时尚设计中的诸多设计细节都归功于军装。早在20世纪初，美国飞行员都穿着棕色的皮制飞行员夹克。这是一种常见的外套，在男装和女装中都进行了时尚的重新演绎。飞行员夹克所有的口袋都是为了满足飞行员在飞机上时存放必要物品而设计的。口袋的位置、取用方便和口袋物品的妥善保管是设计的重点。

图2 带有标志性袋盖口袋的飞行员夹克，1923—1977年

里福特恩（Liftarn）提供/知识共享署名许可（CC BY）

图3 皮制飞行员夹克的袋盖口袋，由厚皮革制成，边缘处有磨损的痕迹。明线距离边缘1～2毫米（1/32到1/16英寸），为了使其外观看上去更精致，可以用更窄的缝份以减少缝份的体积。透过袋盖可以看到按扣的痕迹。圆角不仅是一种样式的选择，也是非常必需的。因为对于皮革来说，长方形的转角太显笨重了。皮革的老化也促成了对闭合方式（按扣或尼龙搭扣）的选择，因为皱缩的皮革表面将会使袋盖表面呈现卷曲效果

雪城大学苏·安·吉奈特服装收藏

图4 飞行员夹克口袋平面款式图

为了满足飞行员飞行高度更高、速度更快的需求，A-2型飞行员夹克对以下功能进行了改进：毛领设计增加了温暖感，袖子上有一个拉链“笔”袋，是开袋，而不是带有袋盖的口袋，在飞行过程中更易取物。笔袋设计是贴袋结构，可容纳一般尺寸的笔，拉链袋上有两排垂直的笔袋。

图5 对飞行员夹克的现代版演绎，在袖子上部拉链型的贴袋上面叠加了标志性的双层笔袋

图6 飞行员夹克平面款式图

结构设计挑战：袖部口袋

新款B-15型飞行员夹克上的口袋被认为更实用。口袋以40度角进行剪裁，可防止在飞行过程中物品的丢失，同时让飞行员在寒冷的天气中保持双手温暖。袖子上的实用口袋大小和数量各不相同。

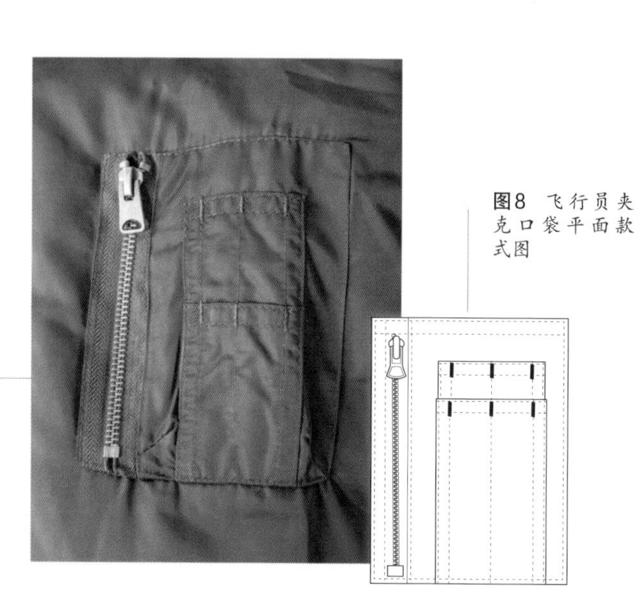

图7 飞行员夹克袖部口袋细节。袖部口袋细节的变化，具有双层笔袋，一层在另一层之上，采用套结工艺可以加固笔仓上部的边缘，笔袋上部边缘采用双明线，在靠近贴袋的垂直边缘侧搭配有同色金属拉链

图8 飞行员夹克口袋平面款式图

另一种源自军装的口袋类型是倾斜的胸部贴袋，这是伞兵外套上的一个细节。这种设计使伞兵在跳伞时能拿到口袋里的物品。第一批伞兵外套由四个前贴袋组成，每个袋盖上有两个按扣，以及位于驳领上部的独特的双拉链口袋。伞兵外套最终被重新设计为M42型飞行员夹克，带有标志性的胸部倾斜口袋和腰部以下的大口袋，并在口袋四周添加了插片，以最大限度提高携带更大物品的能力。

M42型伞兵制服由一种后来被称为“跳伞夹克”（Jump Jacket）的服装组成，并搭配一种带有特大口袋的裤子。然而，英国军队最早引入带有工装口袋的裤子。1938年，他们创造了一种具有独特的功能性和实用性的作战制服，称为“战斗服”。战斗裤的左膝上方有一个放置地图的较大口袋，右髋上方有一个用于急救的野战敷料口袋。特大口袋的拼缝通常会用另外附加的棉质织带和多行线迹加以固定。口袋主体结构的中心位置有一个折叠起来的箱形褶裥，口袋四周有一圈插片，以具有更大的延展性。

自诞生之日起，工装裤口袋就进入了主流时尚界，当代时装设计师对“无性别衣橱”中的主打产品——工装裤已经进行了无数次的翻新和演绎。

同样，伞兵外套也经历了现代的演绎。例如，马克·雅可布（Marc Jacobs）2015年春夏系列就推出了一款富有创意的新产品，在加大的口袋上增加了纽扣作为装饰细节。

图9 巴尔曼（Balmain）2013—2014秋冬样式，其特点是用软质皮革制成的高级时尚版的标准工装裤

帕斯卡尔·勒·赛格瑞坦（Pascal Le Segretain）/盖蒂图片提供

图10 马克·雅可布（Marc Jacobs），梅赛德斯—奔驰时装周，2015年春季系列

兰迪·布鲁克（Randy Brooke）/盖蒂图片提供

虽说是伞兵制服使工装口袋流行开来，但是美军的“野战夹克”（Field Jacket）可以说是当今最常见的军装夹克，很多服装品牌对这种轻便而与众不同的夹克做出了自己的演绎。最初的军用夹克是用棉质缎纹面料制成的，经过了防水处理，其特点是胸前有两个较大的口袋、腰部有两个前口袋，以及衣领上有一个拉链口袋，可容纳卷起的兜帽。胸部口袋是贴袋式的，四周带有插片以增加口袋的深度，袋盖可以用来保护口袋里的物品。胸部和腰部的口袋袋盖可以是不同形状。

野战夹克的袋盖没有明按扣。相反，它在袋盖下部设计了隐藏式按钮来闭合口袋。

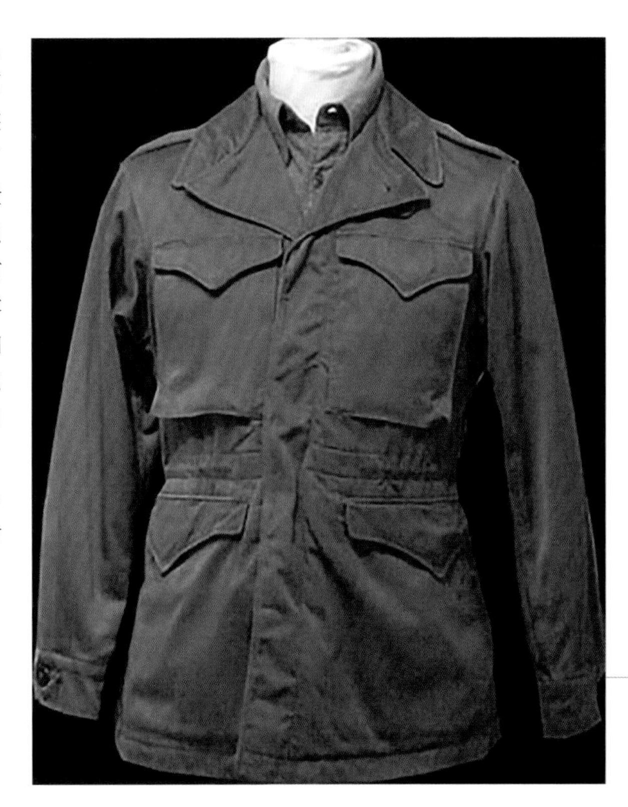

图11 腰部以下的口袋不是立体结构的野战夹克

卡尔·温特尔斯（Carl Wouters）/知识共享署名许可（CC BY）

结构设计挑战：袋盖口袋

这款较小的翻盖采用织带绲边和垂直扣眼。贴袋的上部边缘位置较高，靠近翻盖。上部边缘采用Z字形水平套结加固，口袋上部边缘有一个宽大的双层折边，可以作为纽扣的加固区域。这个贴袋四周有一个较窄的插片，可以使其平服，也可以根据需要延展开来。

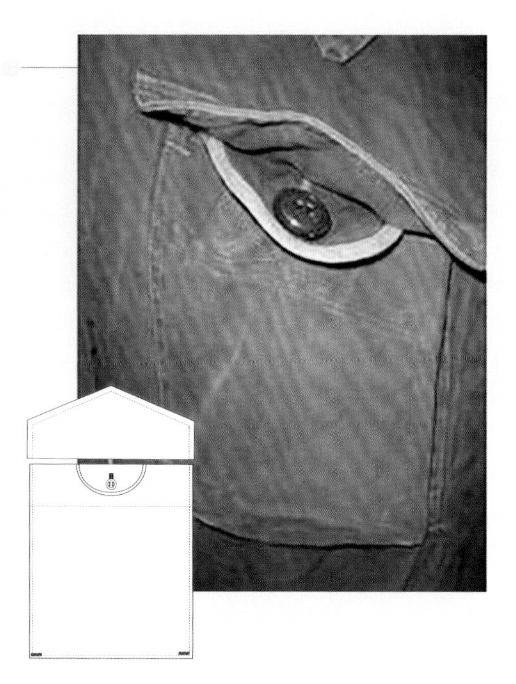

图12 野战夹克口袋袋盖细节

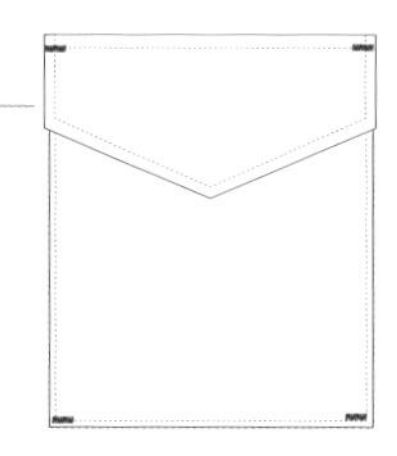

图13 野战夹克口袋平面款式图

图14 男童制服的特点是带有一个反向箱形褶裥的贴袋，可提供空间延展性，同时确保外观平服、整洁。该款式取代传统形状的袋盖，以横贯衣身前片的折叠部分盖住了口袋开口，并通过两个按扣来固定

制服

摩托车夹克

这款标志性的摩托车夹克起源于雪茄夹克（Perfecto Jacket），由斯科特（Schott）品牌在20世纪20年代设计。雪茄夹克比较短小，适合骑行，袖子较长，可以保护穿着者握住摩托车把手的手。传统上，这种夹克是由耐用的马皮制成的，现在更常见的是牛皮。

摩托车夹克的标志性设计元素包括前片不对称的拉链闭合设计、一个带有拉链的胸部口袋、两个腰部口袋、带有扣袢的腰带、银色的金属件等。这款夹克的所有口袋都有厚重的明拉链，以确保骑行摩托车时口袋中物品的安全。与其他实用服装不同，摩托车夹克的口袋不是立体的。这是因为穿着者在骑行过程中需要最小的空气摩擦，而且通常不会携带大型物件。

图15 李维斯的皮质布朗克斯飞行夹克（Lewis Leathers Bronx Aviakit），1899年

提姆肯·贝尔林（Timken Bearing）/知识共享署名许可（CC BY）

结构设计挑战：拉链口袋

让我们更详细地查看一下这些口袋中的一些款式，将金属拉链缝制在皮革材料上可能具有挑战性，具有较大拉链齿的拉链更容易缝制，因为它们需要更宽的开袋量，所以也需要更宽的缝份量。在这种情况下，建议在拉链周围使用加固条带或固型条带，多排明线还可以增加口袋的耐用性，同时兼具美感。

图16 带拉链的开袋，在拉链拉头处增加了皮革拉带，拉链周围有一圈固型装饰条，用于加固并体现设计细节。开袋内侧附有一个口袋布，悬浮在外层皮革和内部衬里之间

Maxpixel网站/知识共享署名许可（CC BY）

图17 拉链口袋

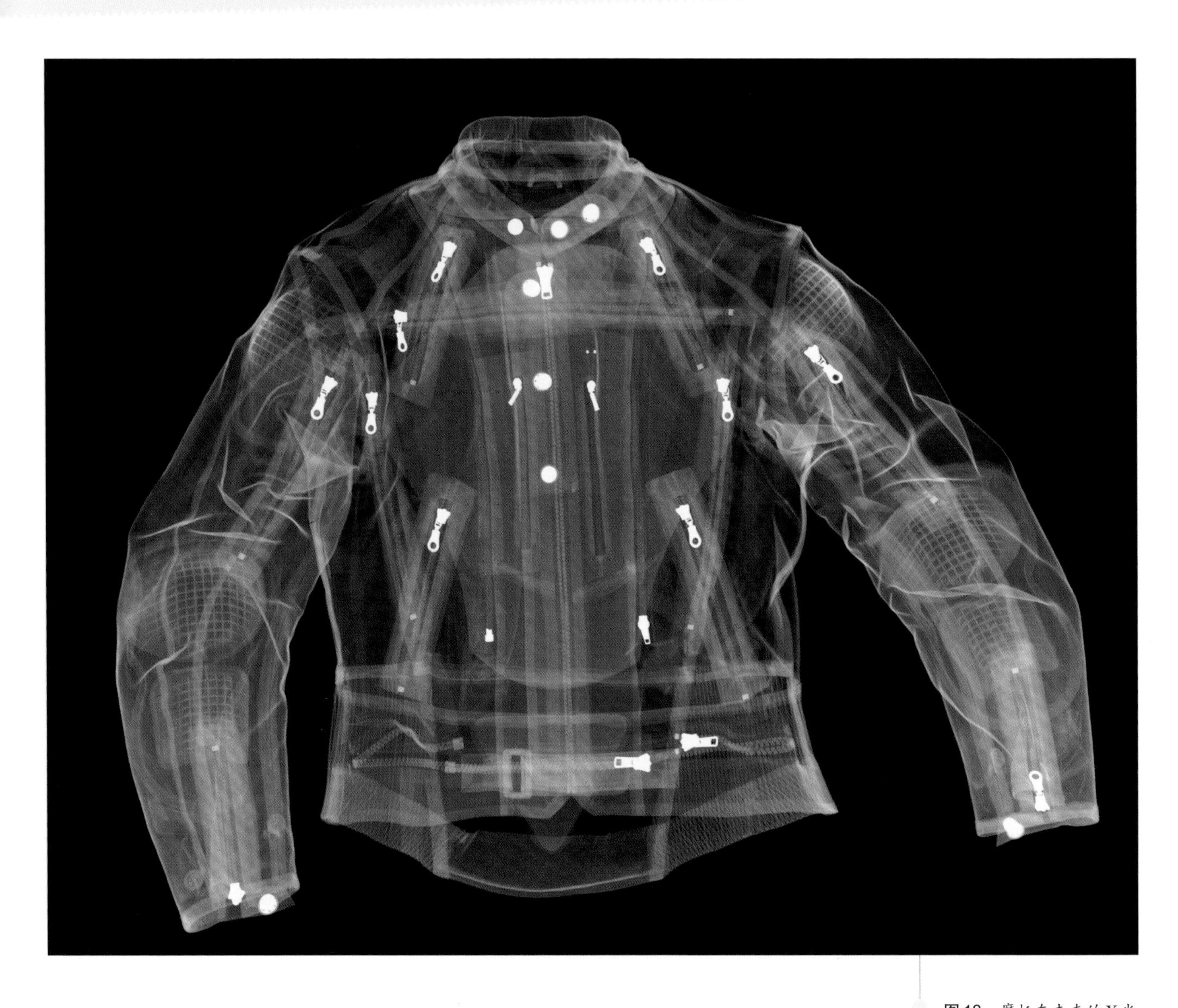

图18 摩托车夹克的X光片，通过拉链的位置可以凸显许多隐藏的口袋

尼克·维西（Nick Veasey）/盖蒂图片提供

为摩托车骑行设计的服装具有重要的安全性要求。摩托车夹克上的一些口袋是为了适应特定的安全功能而设计的，如起到保护作用的衬垫。这些口袋的设置，要对保护身体起到优化作用，同时其造型可以与衬垫的厚度相适应。如果衬垫不能紧紧地固定在口袋位置，它们可能会滑落出来，从而产生受伤的风险。摩托车裤上的口袋无论是在裤腿内部或者在面料外部，都可以用来作为膝盖衬垫。

现代摩托车夹克比最初的佩费克托（Perfecto）夹克（通常是贴袋的版本）有更多的特色口袋。这些口袋可以设置在夹克背部，就像背包一样，也可以设置在袖子上，使穿着者可以随身携带手机。

狩猎夹克

另一款为携带特定物品的运动和休闲活动而设计的服装是狩猎夹克。位于腰部以下的大型立体口袋，被称为“褶裥口袋”，可以允许穿着者携带狗粮、护耳套、手套、零食和其他物品。一些褶裥口袋还设有排水孔，以防在恶劣天气中积水。

狩猎背心具有各种形状和尺寸的附加口袋，每个口袋都有特定用途。拉链口袋有一个透气盖，可提供防水功能。拉链的拉头上还附有长布带，可以在戴着厚手套的情况下打开口袋。

图19 带有多维口袋的羊毛花呢狩猎装。仔细观察褶裥口袋可以看到使口袋扩张的插片，贴袋的弧形上缘可以使手轻松伸入口袋内部，以及固定翻盖的按扣

本·昆伯勒（Ben Queenborough）/盖蒂图片提供

图20 一些狩猎夹克的特点是以开袋的结构形式在服装外部或内侧附加巨型后袋，并用拉链闭合

米奇·基泽（Mitch Kezar）/盖蒂图片提供

图21、图22 带有涂层的狩猎夹克的特色是具有多个贴袋与插片及垂直拉链口袋。袋盖是用按扣固定的。有些狩猎夹克内侧还有一个巨型口袋，用来盛装较小体积的猎物，被称为“偷猎者的口袋”。现代版，比如这款，有多个较小的开袋，以拱针针法缝合，以打造定制的外观

雪城大学托德·科诺弗（Todd Conover）提供

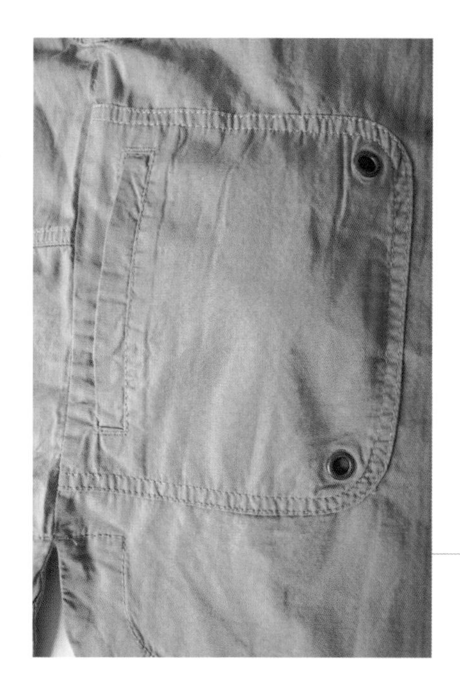

图23 一款轻质帆布夹克的局部，口袋上有气眼，设计细节的灵感来自狩猎夹克上的功能性排水孔

图24 渔夫穿的裤子额外有附加的立体口袋，以便于储存鱼饵和鱼钩，而且通过在确保拉链口袋和袋盖闭合的情况下，使裤子在腰部区域延长开来，还可以暖手

杰夫·伯根（Jeff Bergen）/盖蒂图片提供

工作服

建筑工作服

建筑活动会携带大量各种形状的物品。不管是什么类型的物品（如锤子、螺丝刀、刷子、笔或测量设备），这些工具的存储和存取是必不可少的。在衣服上携带沉重的工具会让穿着者感到不舒服，因此，工具腰带和工具背心（也称为实用背心）可以用来容纳活动中所携带的多种类型的工具。

对于这些服装，安全考虑主要落在袋盖的设计与闭合上，如魔术贴、拉链或按扣。另外，还可以通过添加反光条，使穿着者在夜间工作时更醒目。

每个口袋的设置都是根据穿着者的需要而仔细考量的。例如，盛装工具的口袋在穿着者跪着、伸手、攀爬或弯腰时也可以易于使用。因此，口袋需要远离屈曲区域（膝盖和肘部）。更为昂贵的工作服则采用多组拼缝，可以最大限度地扩大插袋区域，同时减少体积。

建筑工人裤子的特点在于存放工具的各种口袋和细节，如双锤环、拉链裤袋等。此类服装中的许多贴袋均采用科尔迪尤拉（Cordura）高强力黏胶丝面料加固，以提高耐用性。

建筑工人工作服的口袋细节的变化为时尚工装裤的外观带来了灵感。

图25 建筑工人系安全带，胸前有口袋，裤子上有挂钩，以平衡负载分配和行动自由

雷扎（Reza）/盖蒂图片提供

图26 裤子后袋的细节。沿裤子外缝的垂直狭长口袋，可以存储长而狭窄的工具。多功能腰带通常是为了附加的口袋而设计的

史蒂文·温伯格（Steven Weinberg）/盖蒂图片提供

图27 侧缝口袋的细节。插袋开口处使用了一个朝向裤子后部的附加成型缝，以扩大口袋开口。套结用来加固口袋的末端，双明线兼具美感与坚固边缘的作用

图28 锐步（Reebok）复古背心的口袋具有实用风格。橙色缎带和金属滑扣用来作为口袋的紧固系统。这些口袋也是立体的，带有插片和圆形边角。金属铆钉在袋盖角部起到固定作用。布带上缝着魔术贴以确保口袋安全闭合

锐步品牌档案/锐步国际版权所有，2017年

图29 品牌Wild and Lethal Trash 1995年秋冬作品。局部带有拉链的插片、对比色拉链和袋盖，以及增加整体容量的口袋

布鲁姆斯伯里出版公司

图30 男童工装裤，其特色在于嵌入式贴袋、明线缝制，并配有对比色拉链。插片可以使口袋得以扩展

图31 工装口袋的各种不同变化，包含一个手机插槽。注意底角处的小省道，可以使大口袋和插片更好地呈现出立体延展的状态。翻盖部分通过四周的明线进行加固

厚重的棉织物一直是建筑工作服的主要材料。牛仔布（丹宁，Denim）是一种经典的棉织物材料，其重量感和耐用性带来了多种功能性和实用性的创意方法。

1880 年，作为李维斯（Levi's）品牌创始人和牛仔传奇人物，李维·施特劳斯（Levi Strauss）希望为牛仔、铁路工程师和矿工打造一款耐用、透气的实用服装，供他们在美国西部淘金热期间穿着。施特劳斯最初从法国进口丹宁面料来制作其著名的坚固耐磨的裤子，后来被称为“牛仔裤”。他将铜铆钉放在裤子最容易撕裂的地方：口袋和闭合部位，使它们比任何其他工作裤都更结实。木匠风格的牛仔裤有额外的口袋用来放锤子和一个用来悬挂锤子的环，还有一个放在膝盖上方的斜切口袋来盛装卷尺。额外的贴袋可以添加到腰部以上的延伸部分，可参考标志性的木匠工作服。

图32 李维斯牛仔裤，带有铜铆钉、橙色明线和标志性零钱袋，也称为手表袋，位于右臀前侧口袋内

图33 女式牛仔裤零钱袋的一种更轻巧的方法

图34、图35 牛仔裤工装裤，右大腿侧有一个盛装锤子的口袋，胸部右侧有其他各式各样的口袋，适合放置钢笔、尺子等物品

图36～图39 牛仔裤后袋的变化

除了牛仔裤，李维·施特劳斯还设计了几个版本的牛仔夹克，最初被称为卡车司机夹克。发展至今，牛仔裤、牛仔夹克多采用裁剪适中的短款设计，前面的两个胸袋上有尖头翻盖。它采用了橙色而不是黄色的针迹。还有一些版本的牛仔夹克会有两个额外的垂直嵌线口袋。

牛仔夹克上的口袋采用插袋结构，翻盖盖住了肩部育克接缝处的开口，并且可以将育克接缝处作为垫袋布的固定位置。有时，垫袋布由轻质的梭织棉织物制成，以尽量减少接缝处的厚度。明线可以确保牛仔布前片与内部的垫袋布固定好，同时也创造了视觉趣味。实际的口袋总是比两个垂直成型的接缝宽。

可以设计许多翻盖细节增强口袋的实用性，而基本的口袋结构可以保留实用贴袋，既可以有具体造型，也可以是矩形。

图40 复古牛仔夹克，1975年
福特潘（Fortepan）/知识共享署名许可（CC BY）

图41、图42 夹克口袋结构细节，内外视图

图43 一个矩形织物在翻盖下作为加固缝，用于结构细节以及强调翻盖设计。翻盖本身由两个重叠的部分制成，隐藏了部分底层贴袋的纽扣闭合细节

图44 经典牛仔裤夹克的新外观，具有多个箱形口袋并在大衣内叠穿。柏帛丽（Burberry Prorsum），2015年春夏

伊恩·格温（Ian Gavan）/盖蒂图片提供

厨师服装

口袋必须要适合某些职业的服装安全要求，特别是厨师和食品行业专业人士，需要使物品免于掉落到食物中，特别要远离服装的正面，同时仍然能够携带对他们来说最重要的工具：温度计、量匙、钢笔等。束腰外衣采用不对称闭合设计，只允许将口袋放置在现有接缝处或肘部上方的袖子上。前中心位置通常没有口袋，厨师的外衣较长，在臀部以下。左侧贴袋或手巾袋也很常见。

袖子口袋常常出现在厨师的制服上，里面有放笔的隔层。为了看起来干净整洁，口袋角插片可以采用几何结构，其精确的折叠类似于折纸艺术。这种口袋的制板和缝装都具有挑战性。

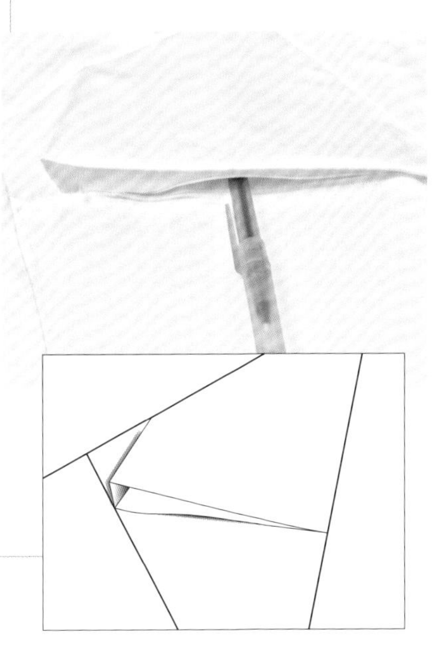

图45 由非弹力棉帆布织物制成的立体折纸口袋。虽然口袋本身有一个隐藏插袋结构来作为口袋开口，但实际上口袋是贴片式的，在左侧精确折叠，不需要明线。这种口袋由于开口有限，无法容纳较大的物品，但绝对可以携带多个较小的物品

图46 立体折纸口袋平面款式图

图47 带有口袋的厨师外套，可放置温度计和笔。类似的隔层口袋可以贴附在左袖上，肘部以上

医疗制服

医护人员在他们的工作服中可以携带各种类型的物品。他们的制服面料重量轻且有弹性，可提供额外的活动量和舒适度。护士的手术服口袋中常见的物品有：钢笔、剪刀、温度计、凯利夹（Kelly Clamps）、敷料带、绷带、手电筒、计算器、湿巾、洗手液、手套、心电图卡尺、便利贴、唇膏、钥匙等。

造型简单的长方形贴袋通常是为束腰外衣设计的。

为了避免所携带物品使衬衫垂坠变形，设计师专门为裤子设计了额外的口袋。然而，嵌套的狭长口袋和物品的精确组织对这个职业来说非常关键，因此裤子贴袋上没有插片。独立存在的隔间越多越好。轻松取用也是一个重要特征，因此，裤子上的口袋一般没有翻盖或拉链。

图48 外科手术服上嵌套的扁平口袋的细节

结构设计挑战：增加口袋的饱满度

让我们来看看为基本贴袋增加立体效果的一些想法。圆形口袋周围的小省道将其周长缩减，并形成一个小袋子。省道可以全部缝合或部分缝合来作为褶裥。

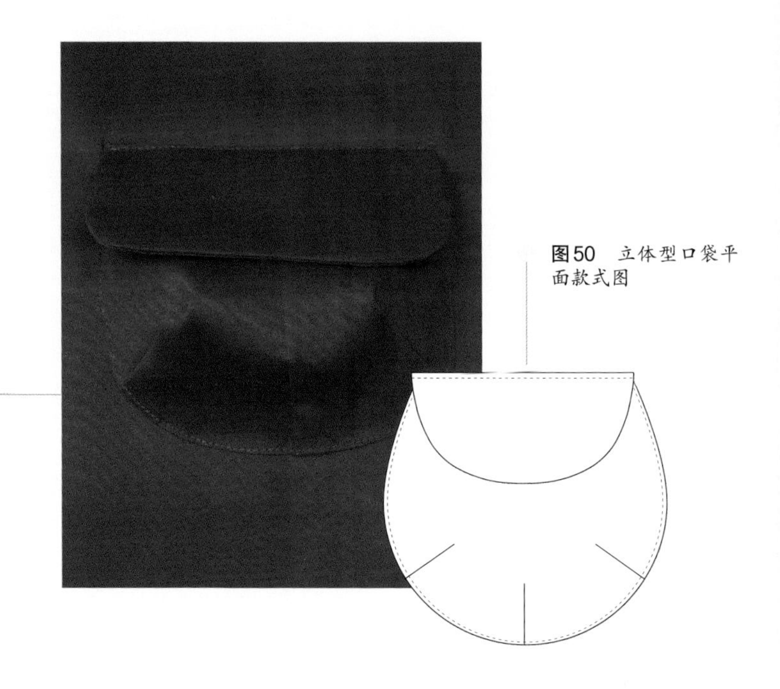

图50　立体型口袋平面款式图

图49　具有三维立体造型效果的口袋，带有小省道和一个具有造型的袋盖。口袋使用的是明缉线，这有一个先将省道缝合、后进行贴合的贴袋结构。或者，省道可以转移至缝线中，用明缉线赋予其运动的外观，同时就可以获得一个具有三维立体造型的口袋

其他为扁平口袋增加体量感的方法有褶裥、抽褶、插片等。

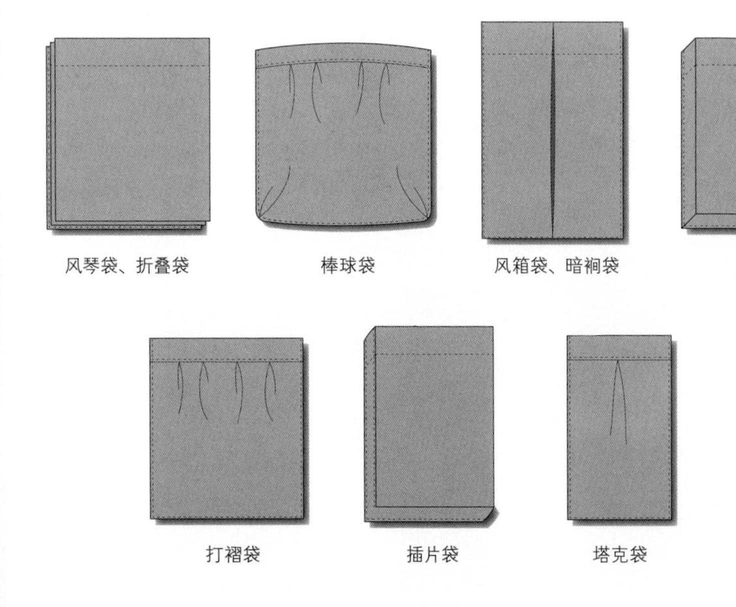

图51　让口袋变得更加饱满的想法

访谈1

斯蒂夫·克拉申·维莱加斯，优利基品牌设计师兼创始人

图52　斯蒂夫·克拉申·维莱加斯

优利基（Utilikilts）公司成立于2000年4月，最初成立的目的是资助一个全球艺术项目，包含七辆双层巴士，这些巴士环游世界，进行音乐、舞蹈、视频艺术和戏剧的互动路演。

优利基是一种现代、休闲的苏格兰短裙，是由原创设计公司"形式服从功能［Form Follows Function（FFF）］"为这个艺术项目筹集资金而开展的众多设计之一。然而，这款独特的服装很快就使"优利基"公司诞生了，开始实现FFF最初设定的目标，通过成为一个不断增多的社会现象，激发辩论，不断挑战媒体、改变生活，并在其穿着者中创造一个共同的形象。

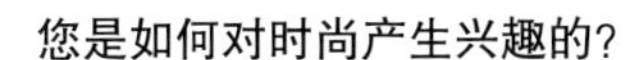

您是如何对时尚产生兴趣的？

我对时尚没有"兴趣"。如果我被认为是时尚界的参与者，也许只是从行业角度对某些非常需要的功能性的大声疾呼。我最终选择了男装，是因为我创造了该类别中没有提供的东西。由于没有缝纫经验，我开始制作一些更适合我自己的服装。由于我的作品在公众日常生活中受到热烈欢迎，我就开始专业地分享我的设计。

口袋在优利基服装中如何重要？在哪些方面体现其重要性？

通过集成功能性的智能口袋，我重现了起源于16世纪苏格兰高地的一种古老的无开衩裙装设计。传统的苏格兰方格呢裙与毛皮袋（Sporrans）一起搭配穿着。毛皮袋是一种类似腰带的包，可以起到遮挡身体的作用。我通过将现代化的口袋整合到服装上，加大了服装的承载能力，并将男装的实用风尚与功用性和专业性完美结合。

口袋的形式和功能有什么关系？

形式由功能定义。如果一个口袋表现完美，那么这就是一个完美的口袋。

设计服装细节，如口袋，有哪些挑战？

成功的设计来自知识的应用。口袋需要满足功能需求。口袋存在于我们的身体和我们身体所做事情之间的关系中。我全身心地投入我为之设计的世界中，不断回顾我们的身体与所穿服装之间的妥协，与其说是灵感，不如说是汗水，将肌肉运动记忆完全独立开来并非易事。

如何考虑口袋放置？

口袋应该位于手可以接触到的位置，并考虑在任何特定应用中，手和其他身体部位可能在哪里。就口袋的方便进入和存放的物品来说，不能以影响身体活动范围的方式来进行限制。建议从使用时的便利性角度，考虑口袋在人体上的设置角度或位置。

您认为口袋有特定的性别倾向吗？

这个概念是否在市场上不断发展？是的，如果服装有性别之分，那么口袋也应该如此。双手使用口袋，男性的手一般比女性的大。不仅如此，男性和女性在口袋里会放不同的东西。

访谈2
特拉雷·潘尼克，“历史学家”，李维·施特劳斯公司

特拉雷·潘尼克（Tracey Panek）是李维·施特劳斯公司（Levi Strauss & Co.）的“历史学家”。她回答历史问题，记录着公司的演变历程，并分享有关其发展的故事。特拉雷还日复一日地管理着李维·施特劳斯公司的档案，将其作为企业的关键资产，回答历史问题，协助设计师、品牌经理、管理人员和其他需要历史资料的员工。

您能分享一下与牛仔裤口袋相关的历史吗？

李维·施特劳斯公司于1873年开始制造世界上第一条蓝色牛仔裤，被称为紧身工装裤。这一年它获得了第139、121号美国专利，主要用于改进紧固口袋的开口。原来的裤子有四个口袋，都是使用铆钉固定的——前面三个，包括右侧开口上方的小口袋。铆钉防止口袋撕裂，使开口更坚固、更安全。在皮制贴片下方的右侧还有一个铆钉固定的后袋。这个后袋包括我们独特的拱形设计。

1901年，我们在裤子上添加了第五个也是最后一个口袋，距离我们将这些用铆定固定的紧身工装裤的编号分配为“501”仅十多年。

请详细说明表袋的历史。

我们的专利铆钉紧身工装裤非常实用，右侧有一个实用的小口袋，被称为表袋，是用来存放怀表的。怀表是19世纪晚期的典型个人所有物。

我们501s® 表袋的两个顶角是用铆钉固定的（除了在第二次世界大战期间，我们为了节省金属而将它们取下，后来又让铆钉重新回到表袋上）。

表袋出现在世界上最古老的紧身工装裤上，目前存放于李维·施特劳斯公司档案馆的防火保险箱中。

表袋有时会被误称为第五个口袋，但事实并非如此。第五个口袋是1901年添加到我们紧身工装裤后部的。

您如何看待表袋的未来发展？

表袋是我们紧身工装裤的原始特征之一，直至今日仍是我们501® 牛仔裤的一个主要特征。有趣的是，我们最近为伦敦的“左撇子”粉丝定制了一条Lot 1牛仔裤——这是那里出售的第501条Lot 1 501® 风格的牛仔裤。为了迁就他，表袋被移到裤子的左侧。李维斯品牌的古着服装（Levi’s Vintage Clothing）也在为其2018年系列设计一条不寻常的“镜像”裤子。它还在左侧设有表袋。

对于未来，我们将继续看到表袋的不同用途——尤其是随着小工具变得越来越小，最初的表袋用途越来越广泛。

结构设计教程

带有插片的嵌套口袋

这种嵌套口袋设计使用两条织物材料作为插片。如果插片是斜裁的，口袋将会获得完全不同的折叠效果。如果用带有对比色，甚至对比肌理的织物材料裁剪插片，将会获得有趣的视觉效果。

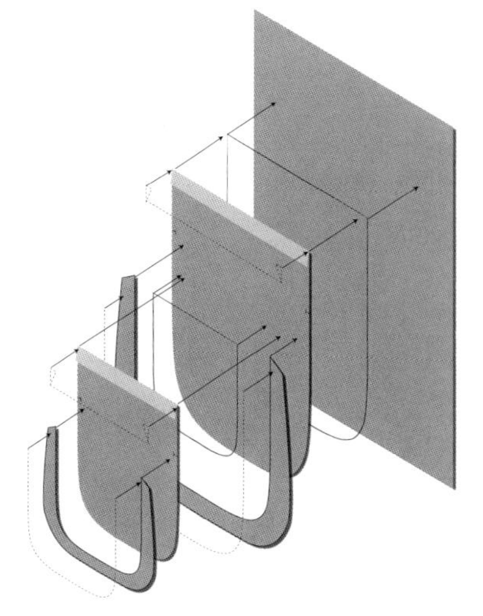

图55　整体结构示意图

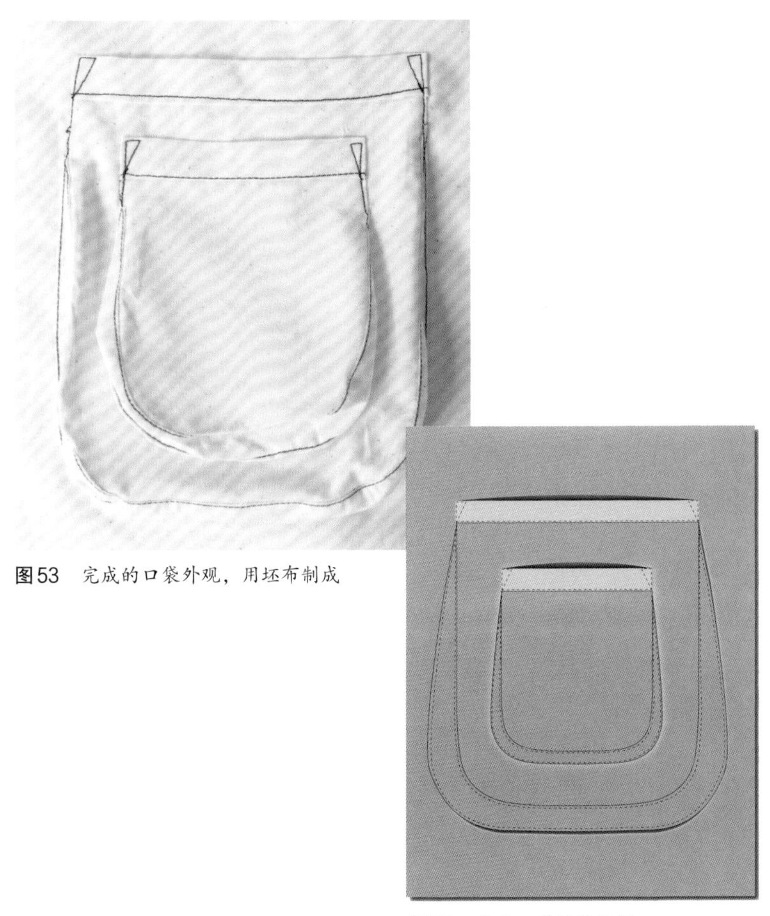

图53　完成的口袋外观，用坯布制成

图54　成品口袋的平面图

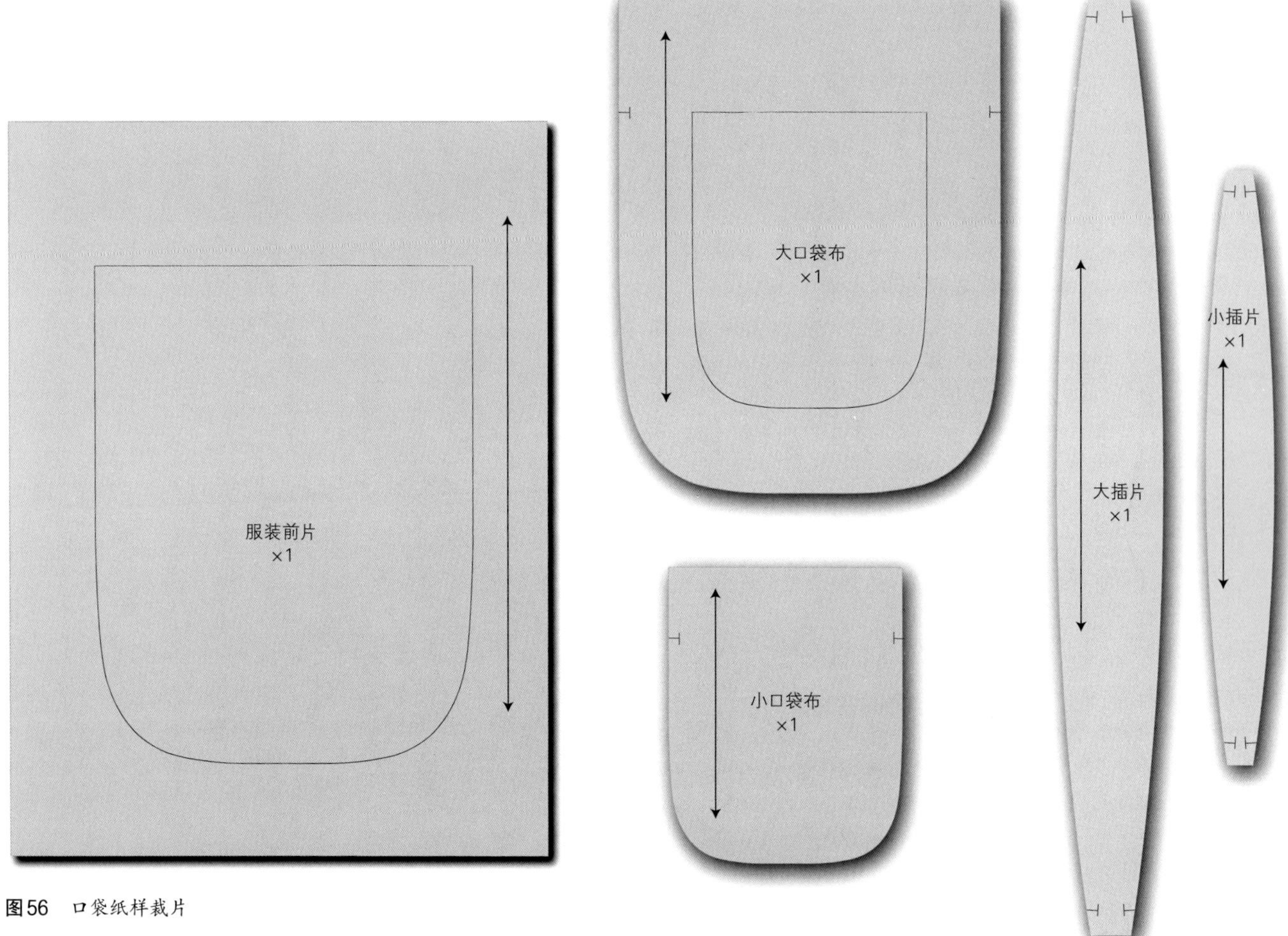

图56 口袋纸样裁片

步骤1

两个口袋纸样的上部边缘都应该有大约40毫米的剪口，以插片的起始位置，通过在距离边缘的缝份（建议在10毫米）处缝合，将小的插片连接到小口袋上，从一个剪口开始，到另一个剪口结束。

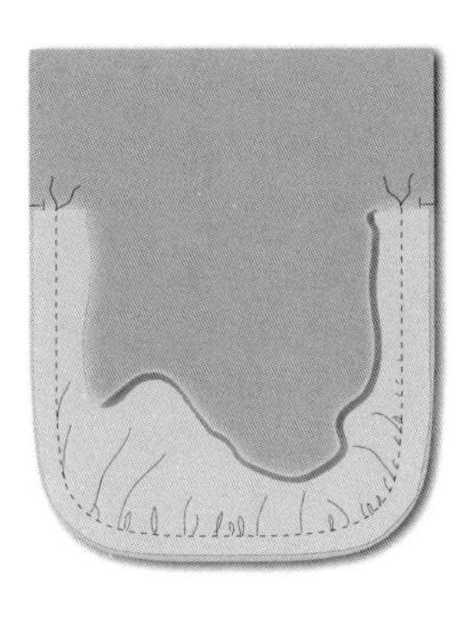

步骤1

步骤2

在圆角处修剪接缝，使边缘更光滑。

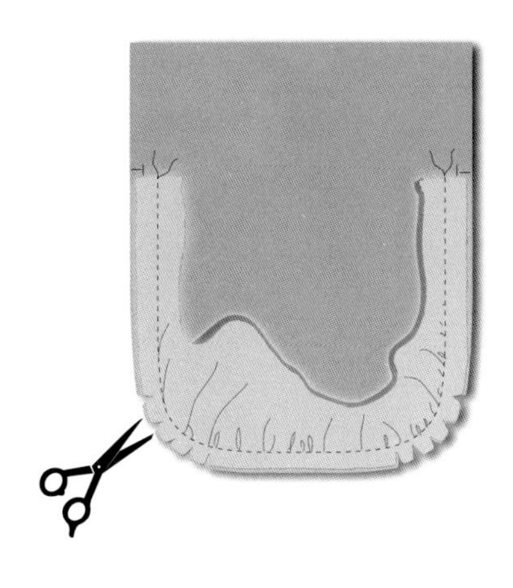

步骤2

步骤3

在大口袋上标出小口袋的位置。

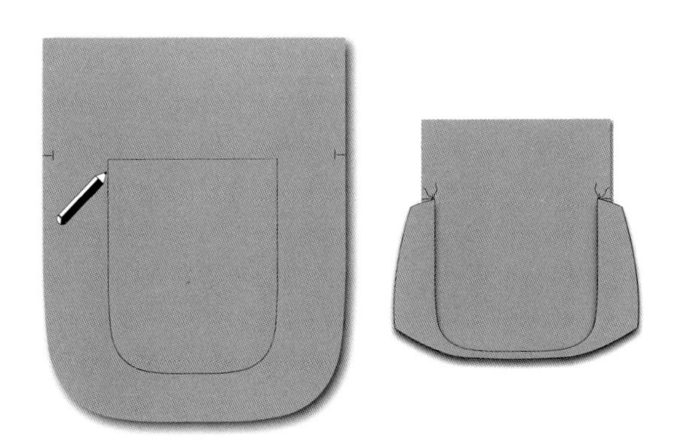

步骤3

步骤4

将小口袋的顶部边缘折叠25毫米，并将下摆内侧的毛边旋转5毫米，为小口袋创建双折下摆，靠近边缘的明线，然后按下下摆。

步骤4

步骤5

沿着边缘缝插片，与口袋侧边和下部边缘距离一样都是1毫米。现在小口袋已准备好连接到大口袋上，如步骤 3 中所标记的位置。

步骤5

步骤6

将小口袋钉在大口袋片的标记轮廓上，将毛边向内旋转5毫米。

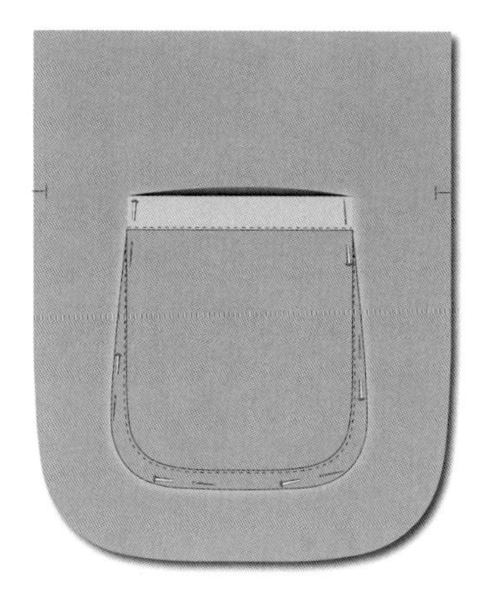

步骤6

步骤7

沿着大头针，在1毫米处给小口袋镶边。加强顶部角落的口袋，拼接一个三角形的形状如下图所示。

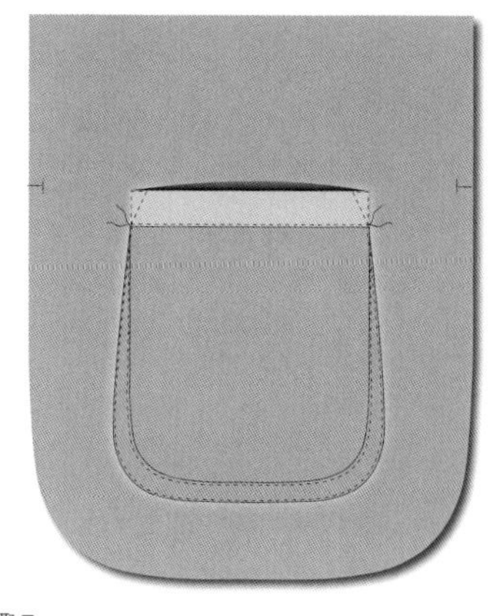

步骤7

步骤8

与小口袋类似，从一个剪口开始到另一个剪口结束，将较大的插片连接到较大的口袋上，并以10毫米的缝份缝合。剪下圆角周围的缝份，使接缝平整。

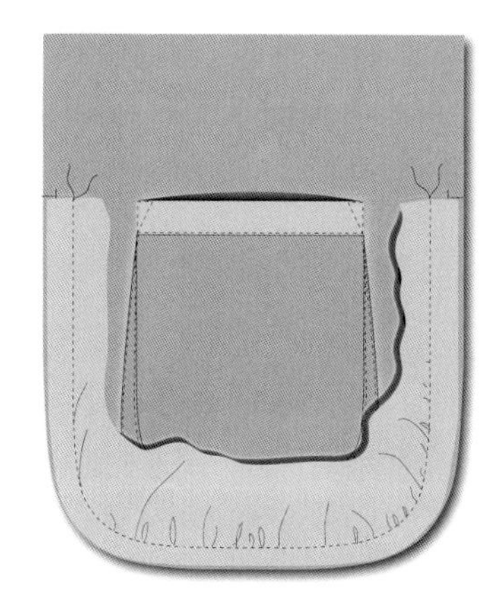

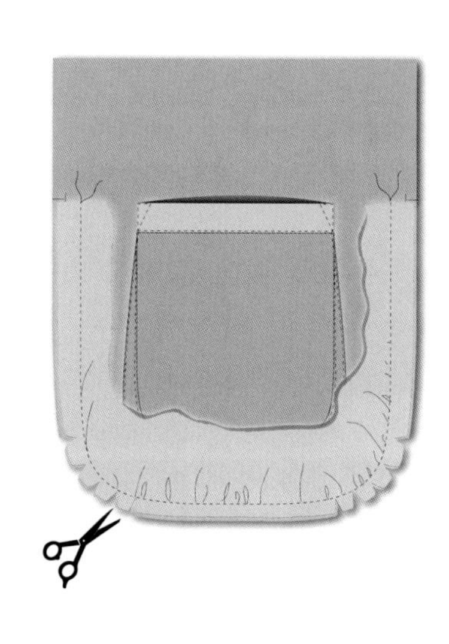

步骤8

步骤9

将较大口袋的顶部边缘折叠25毫米，然后再次转动5毫米，为口袋创建一个双折的20毫米顶边和1毫米的边缝。此外，在距插片接缝1毫米处，也将大口袋上的插片缝合。

步骤10

通过将毛边折叠到10毫米内，将大口袋固定在标记区域。

步骤11

在距边缘1毫米处，沿着大头针固定的区域对较大的口袋缉缝明线，同时在两个顶角处塑造一个三角形用于加固。

步骤9

步骤10

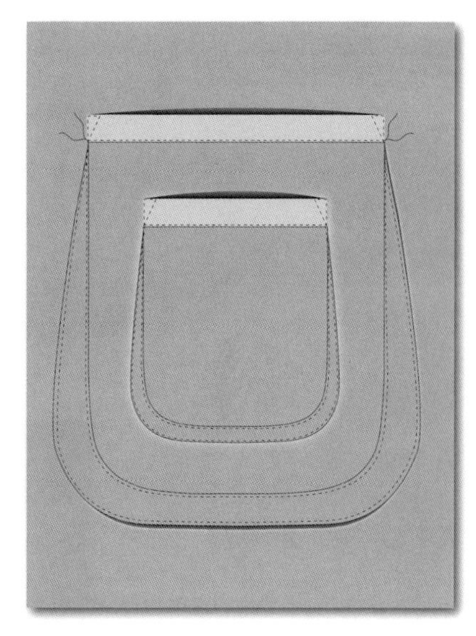

步骤11

设计挑战1

设计一个与整体服装设计相融合的立体口袋。展示你的设计过程，并探索其变化。准备一个情绪板或手绘本来展示你的设计过程。

清单

- 研究和灵感、情绪和色彩；
- 面料建议；
- 设计拓展/草图；
- 坯布拓展。

别具特色的学生作品1

设计师：朱思瑞（Sirui Zhu），2018年，特拉华大学时尚与服装研究系

该项目在2016年加拿大温哥华国际纺织与服装协会大会上展出。

项目描述

圣托里尼（Santorini）这个设计项目的概念灵感来自希腊的圣托里尼。这座城市的建筑都挨得非常近，几乎像重叠在一起一样，呈长方形，都涂抹着欢快而明亮的色彩。而且，靠近这些建筑物的海水的蓝色，从深渐变到浅，激发了我选择色块技艺的灵感。设计所面临的挑战是创造一件具有这样结构的功能性口袋外套，而不仅仅是休闲的样式。

口袋设计过程

对于我选择的这个组合构造，我决定使用矩形色块。外套正面创新的三维立体口袋是基于隐藏式插袋的结构而设计的，需要用坯布试验几次。用白色缎面矩形需要额外的接口，来隐藏相邻矩形色块被压平的缝份。口袋内侧衬里是对比鲜明的红色面料，加强了重叠边缘的对比效果。为了保持平坦的轮廓，我选择只在外套的一侧制作立体口袋，而在另一侧的胸部区域制作双嵌线口袋。

图57　情绪板，设计理念和面料选择

图58、图59　整套造型

设计挑战 2

为有特殊需求的穿着者设计带有口袋的服装。展示您的设计过程和创意变化。与穿着者讨论你的设计过程，以及如何将设计细节与功能需求相结合。

别具特色的学生作品2

设计师：琳达·阿弗莱特尼（Lida Aflatoony），哥伦比亚密苏里大学人类环境科学学院纺织和服装管理专业博士生

项目描述

本项目旨在调查视障人士的触觉设计策略。这款服装侧重于通过添加凸出的肌理来帮助穿着者确定服装的特定部位，就如同我们创造出相同的背面、正面、内部和外部，用以减少穿着者在识别服装方向的触摸需求。因此，穿着者可以穿上衣服而不必担心服装是否穿反。

图60、图61 整体设计，在身体两侧，展示为公主线中相同的隐藏式插袋。这款连衣裙的背面也有相同的设计，两侧有两个额外的口袋

模特：纳丁·考夫曼（Nadine Kaufman）

口袋设计过程

这款服装有八个插袋，位于服装前片和后片，以及服装的内部。因此，穿着者将始终可以使用前面的两个口袋。所有口袋均采用经典的隐藏式插袋结构，口袋布采用对比色印花棉织物制成。通过明线将口袋固定到内侧。

以绗缝造型方式构成凸起的纹理已经应用于连衣裙的各部件中，可以帮助穿着者很快找到口袋的位置，并增加美感。该图案是在两层织物之间插入泡沫而制成的。泡沫被剪切成矩形，首先用织物胶粘在织物的特定位置上，然后用穿透两层面料的明线缝合。

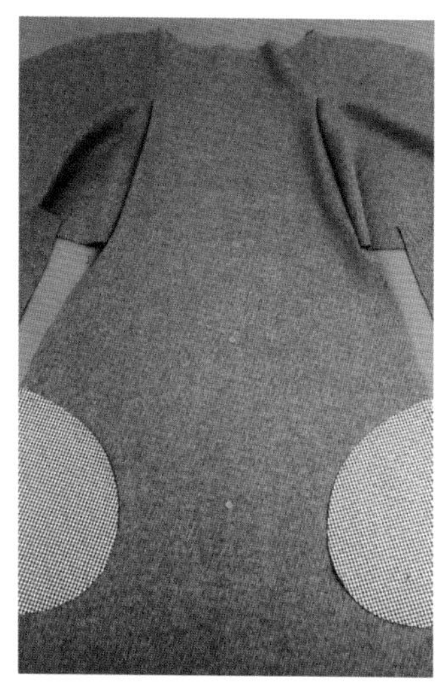

图62 隐藏式插袋的放置

第5章　运动服装的口袋

图1　杰里米·斯科特（Jeremy Scott），纽约时装周，2018年秋季

彼特·怀特（Peter White）/盖蒂图片提供

运动支持

本章的重点是介绍如何通过口袋设计来满足穿着者在进行各种体育活动、休闲或表演时容纳所需携带的各种物品。与上一章展示的口袋不同，运动服的口袋小巧且隐蔽，并能够完全闭合。

运动服的出现要追溯到20世纪70年代初，当时专为登山、航海和徒步旅行而设计的高性能运动服开始流行。随着这些款式融入当代主流时尚，当服装成本成为一个关键性的决定因素时，一些运动服装原来的功能特点要么被夸张，要么出于时尚的需要而被最小化。我们将重点关注几个不同体育运动中的例子，并讨论口袋的设计特点以及满足用户需求的考量。

跑步

作为一项运动，跑步需要穿着轻便且速干的服装，同时还允许穿着者携带各种物品，如钥匙、卡片、个人物品等。虽然最初的跑步裤是由厚毛圈棉织物制成的运动裤，腰带下方只有两个垂直的插袋，但是纤维和织物制造的进步带来了新的口袋结构和设计，防水材料、弹力材料或无纺布材料适用于现代运动服。女式跑步裤也称瑜伽裤或紧身打底裤，造型贴体，采用弹力面料制成。男式跑步裤通常较宽松，由轻质、防风和防水的机织物或无纺布制成。

图2 女式跑步装，搭配紧身裤和运动文胸。跑步时的身体姿势反映出适合口袋放置的位置：腰部下方、大腿以及衬衫或文胸的前上部

图3 女式跑步裤，大腿处有一个长网眼口袋，插入两条接缝之间。网眼口袋的顶部边缘采用织物加固，以提高耐用性

图4 女式跑步裤的另一个例子，有一个“钥匙口袋”，腰带顶部边缘有一个小内缝隐藏开口，允许穿着者携带钥匙。这个内缝口袋通常有一个插在腰带内的小口袋。口袋开口没有拉链或任何闭合系统

对于跑步服装，口袋被设计到沿着大腿外侧的接缝放置，或水平放置在腰部后部，这样在跑步过程中就不会干扰手臂的移动。为此，口袋面料采用了弹力尼龙网眼织物。隐形拉链通常用来确保口袋的闭合。与女装隐形拉链的拉链头小而窄不同，运动装隐形拉链的拉链头更大，更容易抓握，并用带子和反光色强调，使它们更显眼。

对比色细节通常用于运动服中，以突出口袋位置，加强拉链边缘，或作为夜间跑步用户的反光细节。反光带可以缝合或黏合到拉链的边缘。

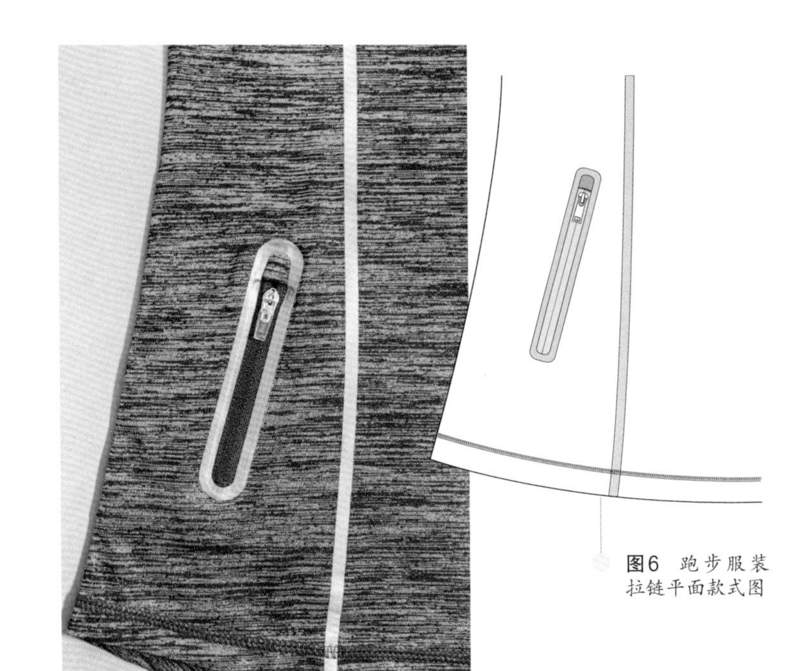

图5 贴在跑步衬衫拉链口袋周围的反光带。拉链的顶部有一个“拉链盖片”，这个名称用来指拉链位置顶端的小面积的保护布片。这个面料贴片可以使用户在下雨时闭合拉链顶部并盖住口袋的缝隙。拉链是普通的塑料齿线圈式，从反面缝合，线圈牙在里面，看起来像一个隐形拉链

图6 跑步服装拉链平面款式图

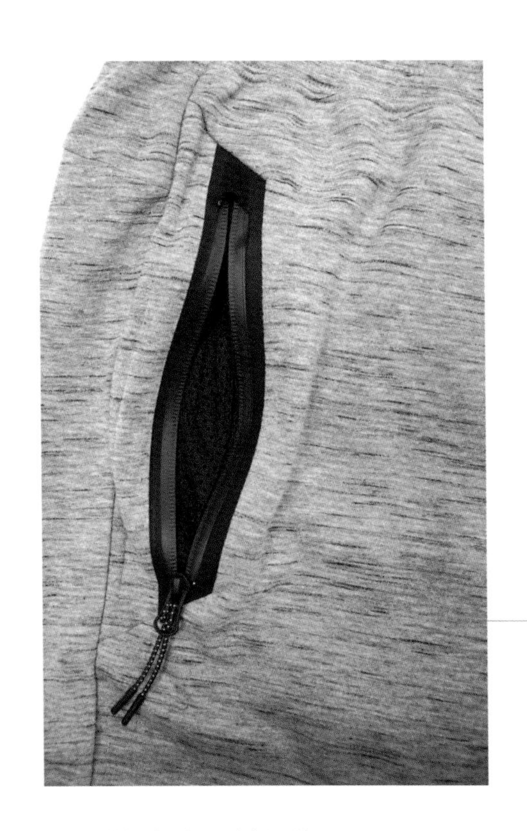

图7 这条运动裤的垂直拉链口袋的开口露出了里面由黑色网眼材料制成的口袋布，它可以提供更小的内部空间和通风性。拉链头有长系带，便于取用和触摸

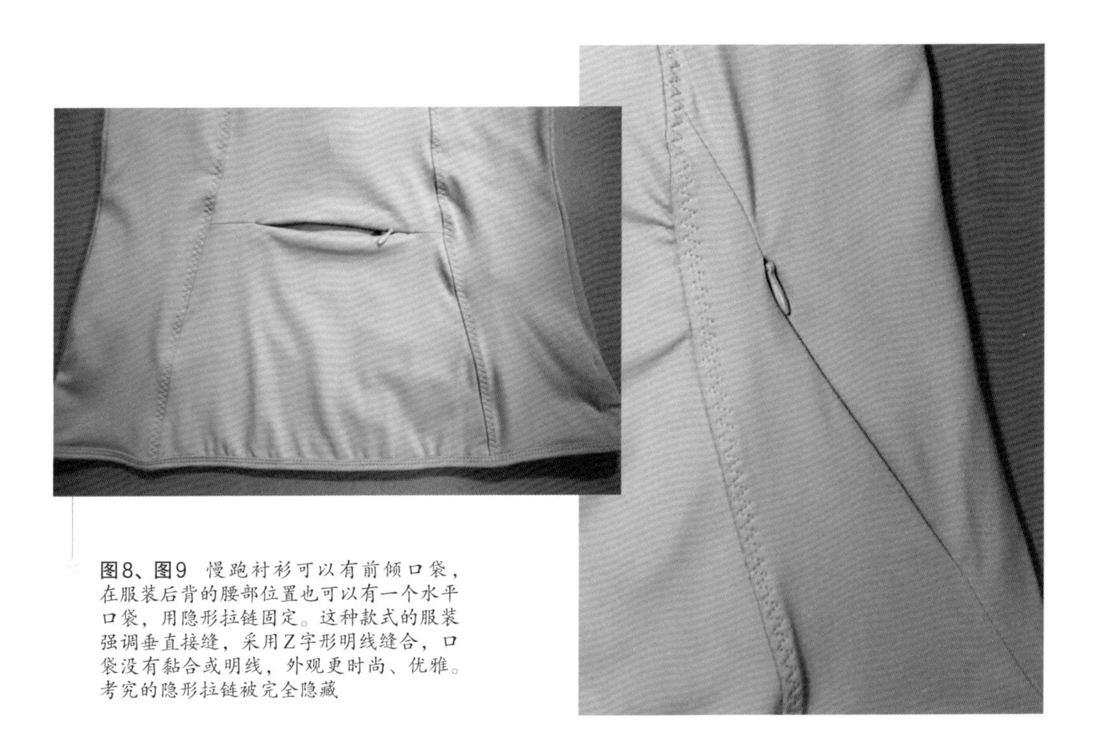

图8、图9 慢跑衬衫可以有前倾口袋，在服装后背的腰部位置也可以有一个水平口袋，用隐形拉链固定。这种款式的服装强调垂直接缝，采用Z字形明线缝合，口袋没有黏合或明线，外观更时尚、优雅。考究的隐形拉链被完全隐藏

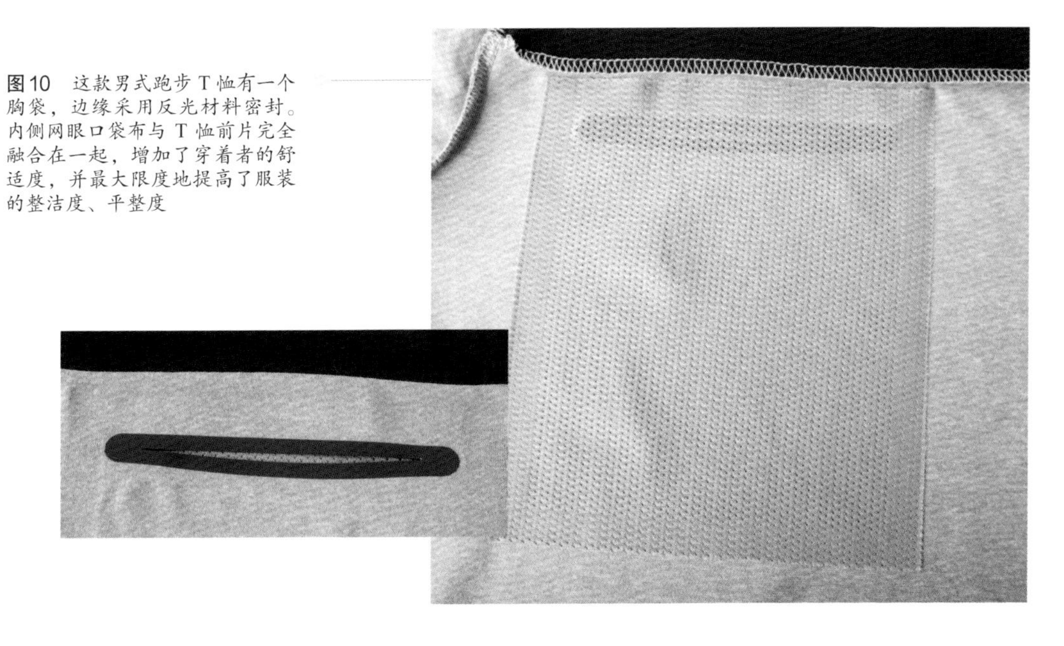

图10 这款男式跑步T恤有一个胸袋，边缘采用反光材料密封。内侧网眼口袋布与T恤前片完全融合在一起，增加了穿着者的舒适度，并最大限度地提高了服装的整洁度、平整度

结构设计挑战：外露拉链口袋

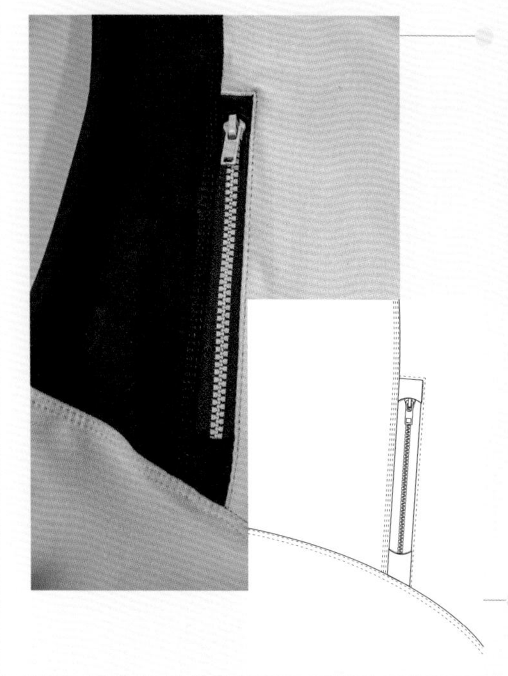

图11 这种拉链结构的拉链带的一侧为垂直接缝，另一侧为矩形插片。拉链不是隐形的；它是一种普通的塑料模压拉链。色彩对比被视为设计细节，拉链结构周围用作明线的线的颜色相应地从白色变为黑色。这种类型的拉链结构最难实施的部分是在拉链的右上方实现完美的直角，必须将无纺硬质拉链缝到非常有弹性和柔软的棉针织面料上。拉链的底端缝在另一条缝里。拉链开口内附有一个口袋布

图12 外露拉链口袋平面款式图

图14 男式跑步短裤的膝盖周围可能有口袋，可以放置储物柜钥匙、手机或零食。虽然工装短裤对于跑步或一般运动而言显得过于笨重，但贴袋可以有一个隐形拉链开口，以确保安全闭合和时尚外观。隐形拉链设置在贴袋上的拼接缝中

图13 这件跑步衬衫的后侧有倾斜的插袋，没有完全闭合，因此可以轻松地取出较小的物品。口袋的边缘也提供了设计细节，采用平缝明线缝合

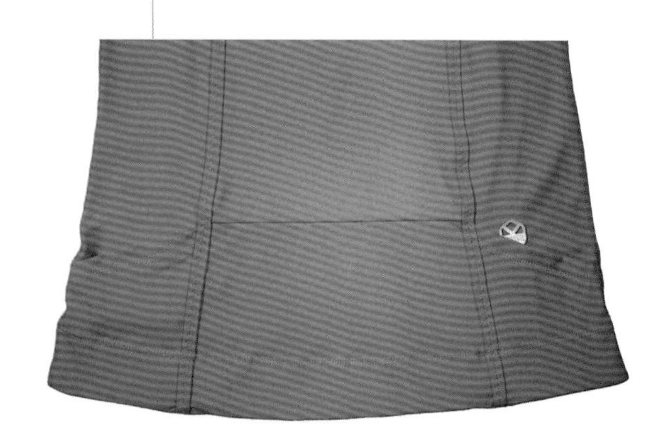

图15 这件跑步衫的整个前片底部面料部分是一个口袋，在两侧都有开口，弯曲的包边既可以起到加固作用，也可以作为设计细节。较暗部分是面料的反面，非常准确地衬托出弧形口袋的开口

图16 这款轻质、带衬里的科尔内利尼亚（Corneliani）防风夹克专为跑步而设计，具有多个口袋，具有多功能、实用的外观。明线细节和厚重的塑料模压拉链为原本素色的面料和开袋增添了肌理质感。胸前用按扣闭合的翻盖只是装饰性细节，为轮廓增添立体感

罗伯特·席安（Robert Sheie）的“科尔内利尼亚防风夹克”由知识共享署名许可（CC BY）2.0提供

图17 1991年的彩色跑步防风夹克在后领处设有一个隐藏式贴袋，用于存放轻便的风帽

锐步（Reebok）品牌档案/锐步国际版权所有，2017年

图18 在安妮·苏菲·马德森（Anne Sofie Madsen）巴黎2018春夏成衣系列时装秀期间，升级后的风衣衣领设计有可以盛放兜帽的口袋

法新社（AFP）撰稿人通过盖蒂图片提供

滑雪、登山

滑雪服装与登山服装通常采用防水面料制成，防止口袋进水、渗水是一个重要的设计考虑因素。细长的隐形拉链可以起作用，但拉链拉手需要足够长，以便在戴着冬季手套时方便取用。口袋袋内的安全功能，如钥匙夹，很受欢迎。

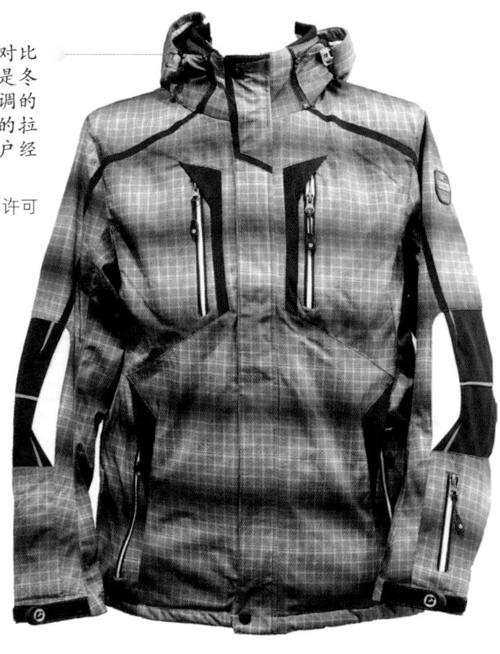

图19 这款登山夹克采用对比鲜明的三角形重叠设计，是冬季运动口袋设置和重点强调的经典示例。反光带和延长的拉链拉手是必需的，因为用户经常戴着手套

由Pxhere网站/知识共享署名许可（CC BY）提供

图20 普奇（Pucci）滑雪夹克，约1995年，具有多个隐形拉链口袋，并在接缝处插入绲边。在口袋上有环扣，可以固定手帕或钥匙等物品。袖子口袋有一个隐形的小拉链，开口边缘使用可见的套结加固

雪城大学苏·安·吉奈特服装收藏

图21 杰里米·斯科特（Jeremy Scott）以滑雪为灵感的夹克，纽约时装周，2018年。立体口袋采用异形贴袋结构，使用了省道工艺，还配有对比色拉链和插片。对比色绲边勾勒出口袋所在区域的轮廓，营造出实用主义外观

盖蒂图片/彼特·怀特（Peter White）提供

高尔夫球

高尔夫是一项需要大量步行、屈膝和屈臂的运动，并且需要球员携带高尔夫球和球座。因此，裤子或裙子上的口袋是一个重要的设计考虑因素。虽然男式高尔夫球服在细节上仍然相当保守，但女性球员的崛起为女式服装带来了更时尚的廓型、材料和细节。

许多高尔夫球俱乐部都有统一的制服限制，这使得球员在高尔夫球裤和高尔夫 Polo 衫的整体轮廓方面几乎没有时尚选择。衬衫上的胸袋可以作为特色，但并不常见。然而，后部的嵌线口袋是任何长度的高尔夫球裤的稳定特征。

专为雨天和大风天气设计的运动服采用防水、防风面料制成，这些面料通常带有涂层且坚硬，可以轻松制作成拉链口袋。带有较长拉链的防风夹克，横贯整个胸部，使它们从运动装类别中脱颖而出，进入了时尚T台，如这款爱马仕（Hermes）2000年的造型。

图22 扎吉雅·兰德尔（Zakiya Randall）在美国职业高尔夫球协会（PGA）参加比赛。她的左袖贴袋的特色在于，肘部正上方有一条白色拉链。贴袋袋布的侧面有抽褶设计，使相对较小的口袋可以容纳更多的内容

执行力（Executiveone）/知识共享署名许可（CC BY）3.0 提供

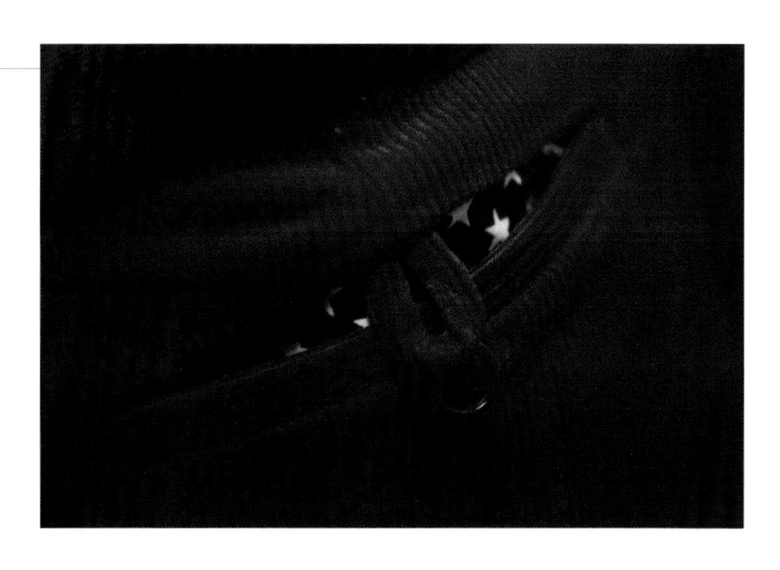

图23 莱德杯（Ryder Cup）美国队制服上的嵌线口袋细节。口袋布由对比色印花面料制成，营造出视觉焦点。口袋纽扣环是一种高端结构细节，通常使接缝处的面料体积过大，特别是这些裤子是由宽条纹灯芯绒制成的，因此需要高水平的缝纫技巧来实现平滑的嵌入效果

美国蒙大拿州普里查德（Montana Pritchard）/美国职业高尔夫球协会（PGA）/盖蒂图片提供

图24 这款男式高尔夫球裤采用轻质梭织面料制成，背面设有带隐形拉链的横向口袋和正面的两个斜袋。前袋采用加固边缘结构，在面料层与层之间插入反光带和黏和衬。后袋的口袋以明线迹缝在裤子外侧，用来加固并防止它们向上聚拢

图25 这款高尔夫球裤采用轻质高性能面料制成，通过创意解决方案，增强了前袋的耐用性。口袋开口的底角有一个弹性插片，使得口袋在需要时打开更大，也可以恢复到平坦的形状

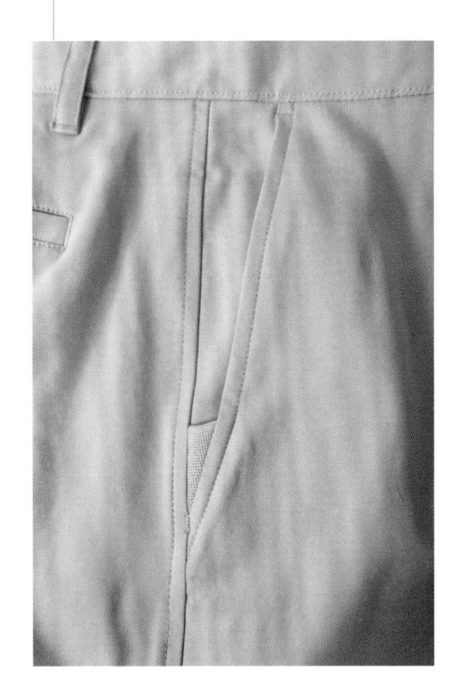

图26 爱马仕2000年防风夹克，有一个超大前袋，拉链上端有一个窄边。对于这么大的口袋，口袋布通常会在外层织物上缝上明线，这样会更结实，不会在衣服里面聚成一团。对于这种特定设计，口袋布可能会连接到内部衬里层而不是外部织物层，这样可以获得更整洁优雅的外观

布鲁姆斯伯里出版公司

骑行

骑行服的口袋设计用于在骑自行车时携带物品。口袋位置的设置需要考虑此类活动期间的各种身体姿势。出于这个原因，骑行服的口袋设计需要有一些特点，其中之一是与跑步裤口袋相比，其具有更大的尺寸。

结构设计挑战：三重贴袋

图27 这款1987年的男式骑行服采用弹力Swisstex平纹针织面料制成，后腰处有三个口袋，口袋边缘有重叠设计的红色图案。三个口袋由一大块面料制成，带有垂直线迹，形成口袋隔层。顶部边缘采用双针线迹来起到加固作用。另一个美观的细节是口袋上的黑白印花与衬衫上的其他印花对齐，这是一种高端的结构工艺

锐步品牌档案/锐步国际版权所有，2017年

图28 三重贴袋平面款式图

图29 锐步档案中的运动背心有一个可拆卸的口袋，这在当时是一种创新设计。这种设计特点赋予了服装多功能性，因为它可以在没有口袋的情况下穿着，用于骑自行车、跑步等户外运动，以及在日常生活活动中将口袋一起穿着，可以使穿着者便于携带物品

锐步品牌档案/锐步国际版权所有，2017年

图30 天空（Sky）车队的布拉德利·威金斯（Bradley Wiggins）在2010年环法自行车赛第20阶段和最后阶段结束后在球衣口袋里放了一罐啤酒

斯宾塞·普拉特（Spencer Platt）/盖蒂图片提供

网球、棒球、足球

高强度活动的运动需要运动员跑得快，弯腰明显，所以大部分口袋都放在腰部以下，主要是在裤子或裙子上。网球运动员在打球时需要多拿一些网球。对于男装，短裤腰带下方的常规斜口袋很好地满足了这一目的，唯一的改进是其口袋布需要足够大，可以容纳一两个网球，而不会影响裤子的整体舒适度。对于女子网球服装，一般会在网球裙或连衣裙下穿的短裤上设置一个网状弹性口袋。

图31 网球选手王强在2013年TIF女子巡回赛——文山热身赛中的服装。经典的网球裙，短小且呈喇叭形，足以让穿着者迈出宽阔的步伐和快速奔跑。女式裙子通常附有打底裤，腿侧可能有弹力贴袋。图中的服装展示了一件背心，在球员的左侧腰部以上有一个贴袋。口袋的内部衬片由网眼制成，可以确保通风

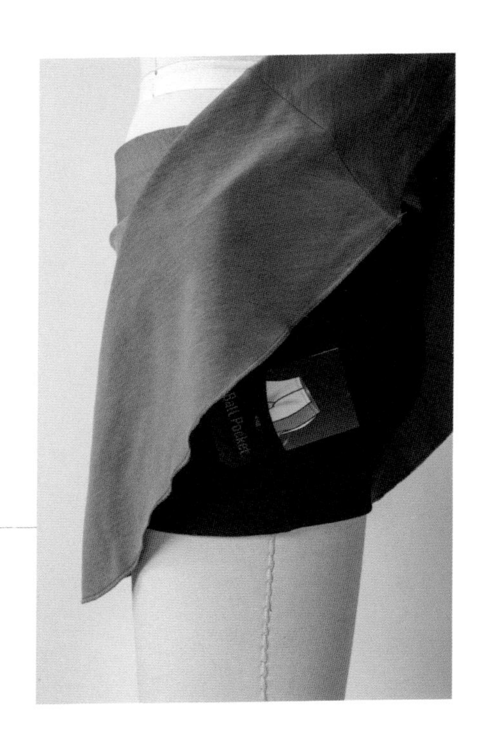

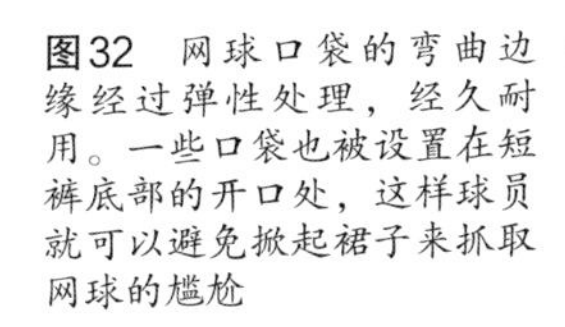

图32 网球口袋的弯曲边缘经过弹性处理，经久耐用。一些口袋也被设置在短裤底部的开口处，这样球员就可以避免掀起裙子来抓取网球的尴尬

图33 维克多·罗奇（Victor Roache）于2013年在威斯康星州阿普尔顿的福克斯市（Fox Cities）体育场为威斯康星木摇铃队（Wisconsin Timber Rattlers）效力。裤子背面的口袋结构是经典的双嵌线开袋，口袋布的面料与服装面料一致。口袋开口需要足够大以适合球员的手套

阿尔及利亚人许可（Alorrigan）/知识共享署名许可（CC BY）3.0提供

图34 美式足球运动员通过在裤腿内部的贴袋将厚厚的保护垫插入裤腿。其贴袋采用平缝或Z字形明线迹缝合，使之与服装的弹力面料相适应。贴袋在裤子内部有一个开口，可以使球员根据需要取下和更换垫子

照片来自pxhere网站

结构设计挑战：运动口袋

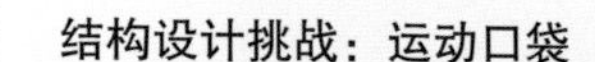

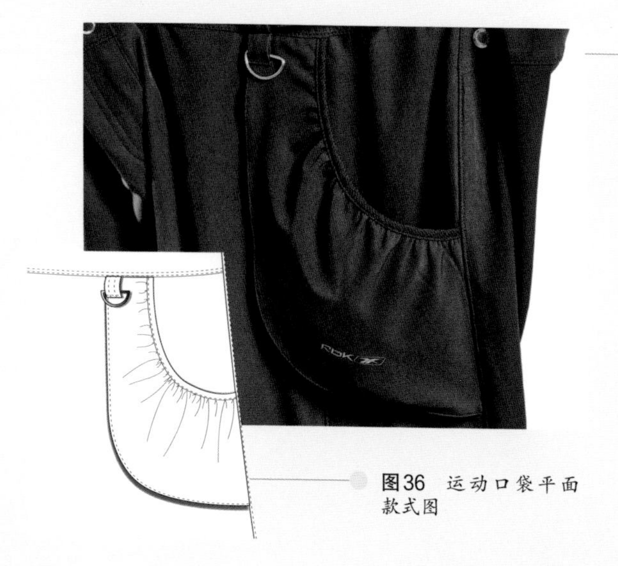

图35 锐步（Reebok）梭织面料七分裤，口袋边缘采用褶皱和塑形设计，并配有收口的弹性包边。这种外露的插袋结构还有一个狭窄的插片，可以使口袋扩大，以获得立体外观并增加功能性。服装面料不具有弹性这一事实可能是设计决策的一个因素，即通过面料褶皱和插片插入来增加口袋的丰满度

锐步品牌档案/锐步国际版权所有，2017年

图36 运动口袋平面款式图

访谈1
梅勒妮·梅斯兰妮，阿迪达斯数字体育未来集团产品开发人员

梅勒妮·梅斯兰妮（Melanie Maslany）在可穿戴设备和智能服装领域工作了十余年，在导电纺织品和先进服装设计方面积累了丰富的专业知识。目前，其与阿迪达斯数字体育未来集团（Adidas Digital Sport Futures Group）合作，从时装到商业化品牌，开发了多种技术。例如，带有内置GPS的球衣，带有内置柔软加热器的篮球热身裤，以及用于个性化有氧训练的心率传感器等。

产品开发只是梅勒妮所有才华的一小部分。她还创立了位于费城的男士衣柜公司Spruce。她最大的乐趣在于旅行，并且与遍布全球的多元文化建立联系。

图37 梅勒妮·梅斯兰妮

梅勒妮·梅斯兰妮提供

口袋在可穿戴技术中有多重要？以怎样的方式体现？

口袋是可穿戴设备设计的一个组成部分，因为总是需要容纳可拆卸的电子设备。它们需要能够容纳、保护、隔离可穿戴设备的“大脑”，因此应该充分考虑其相对于服装的位置，相对于身体、结构、耐用性和美学考虑的位置。

服装如何影响口袋设计？

比起典型的服装概念而言，可穿戴设备具有独特的次要功能性，因此可穿戴设备的最终用途或主要功能会影响服装和口袋的设计。例如，一件由透气面料制成的修身形跑步服需要配置一个修身形的口袋，以防止在跑步过程中所带来的碰撞；美式足球的护垫组件为电子设备的插入带来了更多可能，但需要进行冲击保护测试，以确保球员在使用过程中不会受伤。我想说，最终用途是以设计为驱动因素的，但在所有阶段都应有所考虑。

可穿戴技术中口袋的形式和功能是什么关系？

通常，在可穿戴设备中，口袋的功能是容纳和保护电子设备，而其形式需要确保电子设备的耐用性和使用寿命，并有助于易用性和正常的系统功能。在大多数情况下，如果没有电子设备的话，可穿戴设备则毫无用处。所以功能驱动形式，但形式必须经过仔细考虑。

设计服装细节（如口袋）时有哪些挑战？灵感从何而来？

口袋，作为服装的次要或附加应用元素，有时会影响服装的悬垂性、合体性、舒适性等。虽然这些都是有效的挑战，但它们通常不是可穿戴设备的主要特征——人们将花费更多的时间和精力来设计布线、传感器、驱动器，以及服装中的任何东西。在所有情况下，我怎么说都不为过，形式和功能必须并行开发和迭代。应从可穿戴设备的预期发展动态中汲取灵感，然后围绕可穿戴设备的合体度和实施性角度重新设计和修改，尽可能多地对原型反复试验直到实现最佳的功能水准。

图38 男式运动衬衫，衣服背面有一个口袋，可以放置电子可穿戴设备

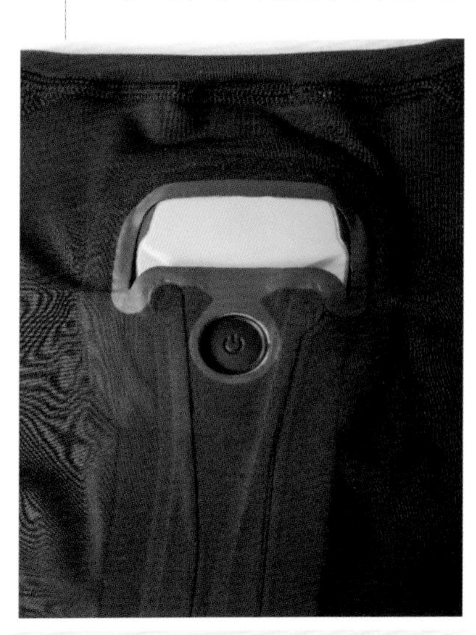

如何考虑口袋的位置？

可穿戴设备口袋的位置对穿着者的舒适性和安全性，以及电子产品的功能性、耐用性和可用性都至关重要。通常会针对每个特定的用途来详细研究口袋位置，根据我在运动服领域的经验，我们对可穿戴服装所需适应的身体尺寸和体型的差异进行描述，标出最佳的电子设备和口袋位置，将结果数字化以便于分析。我们可以在久坐和活动状态下进行分析，并在“实时模拟”使用中进行最终测试。在这些阶段，我们还将测试衣物的耐洗性、对各种元素（模拟衣物在使用过程中所处的环境和用途）的抵抗力，以及检查穿着者在使用过程中不会使身体受到伤害（通常这是防冲击设计）。最后，第三方实验室将验证整个系统每个部件的电气和化学安全。

你认为口袋有性别差异吗？这个概念是否在市场中不断演进？

当然，从美学视角来看，一些设计特征可以使口袋更男性化或更女性化。通常是口袋的闭合系统——一个又大又厚的拉链可能会被认为比拉绳或环钩和扣眼更粗犷和男性化。但是，材料的选择、组装以及用于保护电子产品和人身的技术通常是相同的。在市场上，我们会持续不断地看到微型化的趋势，这本身就很好地适应了无处不在的口袋设计。

访谈2

克里斯汀·莫里斯，密苏里大学纺织与服装管理系助理教授

在攻读理科硕士和博士的同一时期，克里斯汀·莫里斯（Kristen Morris）博士在丹佛的三个服装生产商担任了七年的服装设计师、技术设计师、生产经理、平面设计师和艺术总监。在其中一项经历中，她主导了孕妇运动服的创意和技术开发。通过这次经历，莫里斯博士对为小众市场和不具代表性的市场设计功能性服装产生了兴趣。莫里斯博士的研究重点是通过以用户为中心的设计方法来提高服装的舒适度、实用性和美感。莫里斯博士相信，通过与穿服装的人一起开发服装，她可以开发出创新的服装设计方法来满足人们的需求。

图39 克里斯汀·莫里斯
克里斯汀·莫里斯提供

在您看来，作为时尚消费者和设计师，口袋在服装中有多重要？以怎样的方式体现？

口袋很重要，因为它们为服装增加了额外的实用性。我喜欢在我的“日常”衣服里设置口袋，因为它可以让我的双手不必拿着我的必需物品——主要是我的手机！我总是欣赏有口袋的衣服。当你越来越了解我的设计工作时，你就会更加明白口袋设计的重要性，因为出于安全原因，运动员，尤其是跑步者，需要随身携带某些物品。这些物品可能包括带照片的身份证、车钥匙和手机。口袋成为某些市场的重要卖点，因为他们的服装需要为必须随身携带的重要物品提供存储空间。

服装如何影响口袋设计？

面料和服装合体度的选择对口袋的选择都有很大的影响。紧身针织裤中的口袋布可以通过外置来营造一种体量感的外观。

因此，设计师需要知道如何控制口袋布。在弹力织物中，口袋结构工艺（如覆盖针法）也必须随着织物进行拉伸和移动。此外，稳定型织物可以使您暂时对织物有所把控，这样，样衣工在缝制口袋时就不会使织物变形。

无缝口袋应用很受欢迎吗？

在外套市场，尤其是运动服市场中，无缝口袋变得越来越流行。百美贴（Bemis）是美国胶膜制造商，开发了可用于弹性针织物的精密弹力带。取决于不同的市场，黏合口袋与缝纫口袋相比具有一些优势。

在防水外套服装中，黏合减少了技术织物的穿孔数量，而在贴身运动服中，黏合降低了接缝与皮肤摩擦而导致擦伤的可能性。制造商也可以使用组合缝合接缝以缝制口袋并用接缝胶膜加固缝合线以使其防水或减少擦伤。

对我来说，设计口袋时的最后一个考虑因素与口袋组件的重量或潜在的体量感有关。如果服装由较重的斜纹布制成，口袋可能会有更坚固的部件，如金属拉链和贴边。但如果服装面料很轻或有弹性，口袋也必须很轻。口袋布会增加大量的重量和体积。因此，必须根据服装面料和设计仔细考虑口袋布的面料。

口袋的形式和功能有什么关系？

口袋的形式和功能之间的关系与最终使用环境有关。如果口袋必须在极端环境或情况下可用，那么口袋的功能应该比形式更可信。对于身体处于运动中的情况也是如此。

例如，跑步者可能需要在身体运动时取用他们的手套、纸巾或凝胶。在这种情况下，口袋应该是可触及的，易于开合，并且不会掉落物品。解决形式问题后，设计师可以努力使口袋看起来漂亮并解决美学问题！每个设计都应该尝试使服装部件看起来很好地融入服装整体，并且看上去很酷！

为功能性服装设计服装细节（如口袋）有哪些挑战？一般的运动服怎么样？请谈谈差异。

功能性服装设计的主要挑战是确保服装的所有部分在一个系统中协同工作，包括口袋。例如，在外套中，您可能有一件夹克，带有可拆卸的保暖羊毛层和起到保护作用的外部软壳层。一些服装制造商可能会在外衣上设置一个拉链，这样就可以非常方便地进到内层的口袋里。在这种情况下，内层的口袋也可以从外层进入，如果穿着者需要拆卸软壳层，他们也不需要重新安置口袋中的物品。另一个例子是消防员出勤装备。消防员必须在他们的夹克外面带一个外部储气罐。在这种情况下，储气罐的带子不应从夹克上的口袋中穿过，避免消防员误触到他们的工具。设计师的工作不仅要考虑口袋的实用性，还要考虑它们在整个服装系统中对穿着者的实用性。

图40、图41 朗讯（Lucent）夹克。这是一款为跑步者制作的轻质防水夹克，由硅树脂浸渍防撕裂尼龙制成。服装正面有两个带拉链的嵌线口袋。这款服装的主要设计考虑是如何设置一个美观的口袋，因为面料相对半透明。在这个设计中，你可以通过面料看到口袋布，所以口袋布的形状必须与服装整体线条相匹配

克里斯汀·莫里斯提供

图42 夜光（Luminosity）夹克，模特为纳丁·考夫曼（Nadine Kaufman）。这是一款具有高可见度荧光层的可发热的跑步上衣。它由具有吸湿排汗效果的有纹理的涤纶、氨纶针织物制成。这件衣服的背面有一个拉链口袋。口袋有两个入口点，适合惯用左手和惯用右手的穿着者。外露拉链口袋有反光带，与可见层的其余部分联系在一起

克里斯汀·莫里斯提供

图43 保暖夹克——这是为跑步者开发的打底服装。跑步上衣在衣服的背面有一个贴袋。口袋用透明弹力百美贴胶膜黏合到服装上，使用百美贴Nylock黏合剂将拉链固定在口袋中，该黏合剂被激光切割成一定的形状并用热压机热压上去。Nylock黏合剂是反光的。这种无缝口袋结构减少了针脚引起擦伤的可能性。紧身裤上的口袋也采用百美贴Nylock反光材料制成。紧身衣口袋的口袋布在服装内层

克里斯汀·莫里斯提供

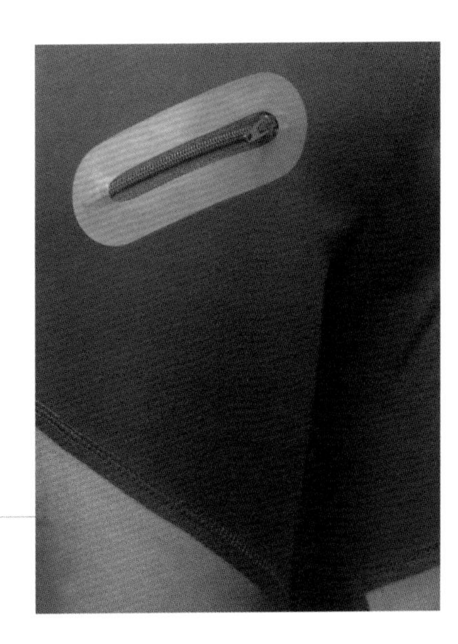

图44、图45 紧身保暖衣的口袋

克里斯汀·莫里斯提供

口袋位置的设置应该考虑哪些因素？

在运动服和功能性服装中，口袋位置是一个非常重要的考虑因素。同样，口袋的位置必须使穿着者的手可以轻松地伸进口袋，尤其是在其他服装或配饰叠加在口袋上面或口袋周围时。

在其他情况下，设计师需要确保人们不需要以别扭的姿势，或者费劲才能伸入他们的口袋。

例如，我与一群跑步者合作设计了一件可以发热的打底服装。跑步者希望在底层有口袋，这样他们也可以将服装当作外搭来穿用。

他们喜欢运动衫上的前袋式“袋鼠”口袋；然而，当跑步者运动时，前面有太多重物会导致物品上下晃动。

相反，他们建议在服装背面设计一个口袋。如果口袋在背部占用较小的位置，它的反弹就会小一些。选择口袋位置时需要考虑的另一件事，就是确保口袋易于使用。口袋应该位于舒适的位置，使用者不需花费任何额外的力气来够到口袋。设计人员还应同时为习惯用左手或习惯用右手的人提供便利。

在绿色打底衫的照片中，后袋的左右两侧都设计了拉链，因此无论习惯用左手还是习惯用右手，人们都可以轻松地碰到口袋。

你认为口袋是根据性别或尺寸规格有所区分吗？这个概念在市场上是否有所演进发展？

我相信口袋在所有市场中都十分流行，而之前，口袋只在某些市场中更为普遍，如男装或外套和运动服市场。女性消费者，无论她们的体型如何，通常都会考虑口袋的位置和尺寸如何突出她们的身材。在运动服中，紧身弹力裤、紧身裤、紧身衣的口袋会额外增加体积，并且由于面料和合身的原因而难以隐藏。在我担任孕妇用品市场的运动服设计师期间，我花了很多时间试图将口袋隐藏在腰带或裤子内，这样它们就不会引起人们对女性身材的额外关注。

访谈3

奥布里·锡克（Aubrey Shick），英特尔公司新设备事业部智能设备创新部时装设计师、研究员；奥利加米·罗伯托克（Origami Robotics）公司创始人兼首席执行官

图46　奥布里·锡克穿着传感服装

您最近的两个项目传感服装（VibeAttire）和第一人称视觉（First Person Vision）涉及针对特定终端用户的可穿戴技术。您能简单介绍一下这些项目吗?

传感服装（VibeAttire）是为听障人士提供的可穿戴音乐体验。它是一件可以穿在身上的，并可接入智能手机或MP3播放器的背心，这样当它震动时，你就可以感受到声音，并且具有足够的细节来区分歌曲。在背心中，音乐被分解成单独的通道（想想均衡器的样子，它被映射到身体的32个区域中播放）。还有一些挑战是它需要便于清洗。如果使用者在跳舞和出汗时穿着，就需要对其进行清洁。它还可以适合于不同体型的穿着者。

可拆卸的电子薄膜通过隐形拉链插入背心，可以悬挂在背心里的弹簧垫圈上。有减震绳系带，可以为任何体重为54～113千克的人定制适合的背心，以保持与身体的接触并感受振动。

第一人称视觉是一种支持具有高功率视觉处理的计算机化眼镜的系统。它会拍摄与作品图像相对应的瞳孔图像，以动态方式准确了解用户正在看什么。终端用户是需要受到照顾的老年人。

挑战在于穿着者能够在脱下它时不会对视觉系统带来伤害。它也是要求一天8小时穿着，因此需要足够的电池寿命和舒适性。一些创新点在于，包括防止穿着者变热的隔热性，存储传输卡和个人物品的口袋，以及带有录音灯按钮的口袋，以便其他人知道用户何时录音。该系统可机洗，魔术贴和电线管道可以容纳并管理电线和传感器。

您的作品在设计和功能上都是以用户为中心的。对于这些项目，您如何从用户的角度处理各部件的集成?从纯粹的美学角度来看呢?

对于传感服装，可清洁性是一个问题。纽孔是用来使穿着者不必将控制器从口袋里拿出来就可以进行控制而设计的。口袋里有电池连接器，所以就可以使穿着者在不脱掉背心的情况下就能够在口袋里更换电池。美学是微妙的，有绲边与隐形拉链相匹配，可以隐藏技术集成。

第一人称视觉是为全天候穿着而设计的，舒适是关键，所以这些口袋可以使用户在脱下背心时轻松摘下眼镜。

第一人称视觉是为那些不了解技术工作原理的老年人而设计的。他们需要选择那些耐脏且可以机洗的服装。美学也很微妙，灰色和深蓝色看起来不太时尚，但有一个轻微的不对称设计，就可以用来平衡胸部安装处理器的视觉效果。

口袋在您的设计或工艺结构中扮演什么角色（如果有的话）？您能给我们举一个传感服装的例子吗？

传感服装类似一个巨大的口袋，有点像一个被套，我设计了带电线管道的口袋，并通过纽扣孔转动旋钮来进行控制。这样，使用者不用把手伸到口袋里就能进行控制。

电子膜是一种非拉伸织物，设计了带纽孔的电路板，以及可以感受到阻尼效应的贴片来减缓振动。背心内有可悬挂物品的搭扣，和形似管道的隐形拉链，不但可以传导背心上的其他声音，而且可以将吸引力转移开来，还可以将多余的电线藏在口袋里。

您会对更多对可穿戴技术有兴趣的学生有什么建议？

原型很多。不能因其技术较难，而成为忽视洗涤和可穿戴性的借口。拆开你觉得有趣的服装来学习，尤其是运动服作为原型造型的一部分，可对现有衣服进行一点一点的研究和修改。

考虑不同的面料方法：弹性面料、帆布面料、非拉伸面料、透明面料。

功能混合：电子设备区域需要通过使用非拉伸面料来保护线路和电子设备，而凸显身体廓型时需要使用拉伸面料。

从视觉和物理角度考虑设计，安装拉链或下摆收边的方式也不止一种。让人们经常穿着它们，不要害怕口袋被弄脏或过度磨损。

经常演示：参加时装秀；提交资助建议，以获得对于你的想法的反馈。

考虑用户：此外，还应考虑可穿戴设备的公开性能方面以及个人体验的公开展示。

结构设计教程

隐形拉链贴袋

这种插袋结构为制作口袋布提供了另一种选择。本设计教程展示了如何使用半贴袋半插袋的混合结构来代替口袋，而不是使用单独的面料布片，这些面料布片往往会在服装内膨胀并且很难设置拉链开口。含有隐形拉链袋开口的实用面料层被缝在服装上面，这可以是裤腿或运动夹克的正面，这两层之间的空间形成了口袋。本教程选择的面料是轻质弹力棉质平纹针织布，因为弹力面料更适合制作运动装口袋，但本教程也适用于梭织无弹力面料的设计。这里有五个纸样来裁剪面料。其中两个纸样可以将隐形拉链缝入其中，第三个纸样作为实用口袋的底布，最后两个纸样可以形成两道缝，将垂直口袋的边缘封住。

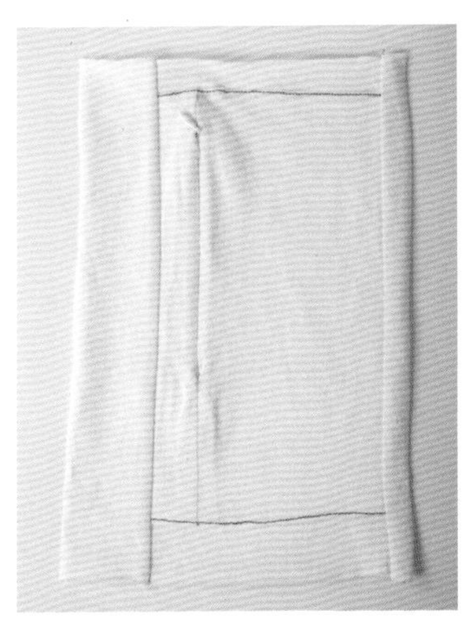

图47　用弹力棉针织布制成的口袋成品外观。所有缝线均采用黑线制成，以提高可见度

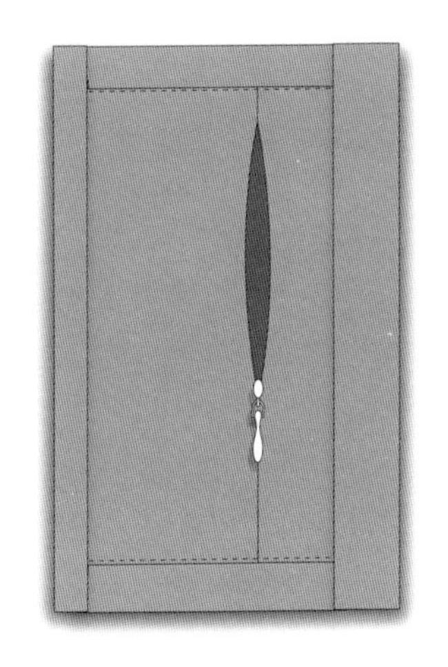

图48　成品口袋的平面草图

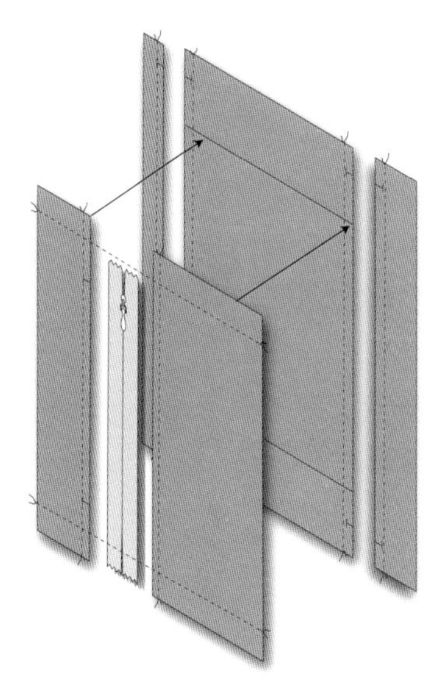

图 49　隐形拉链贴袋结构图

步骤1

沿着经纱方向裁剪纸样。在裁出的纸样上打剪口做标记。这些剪口可以作为缝制隐形拉链以及应用口袋的引导线。所有纸样都有大约10毫米的缝份。

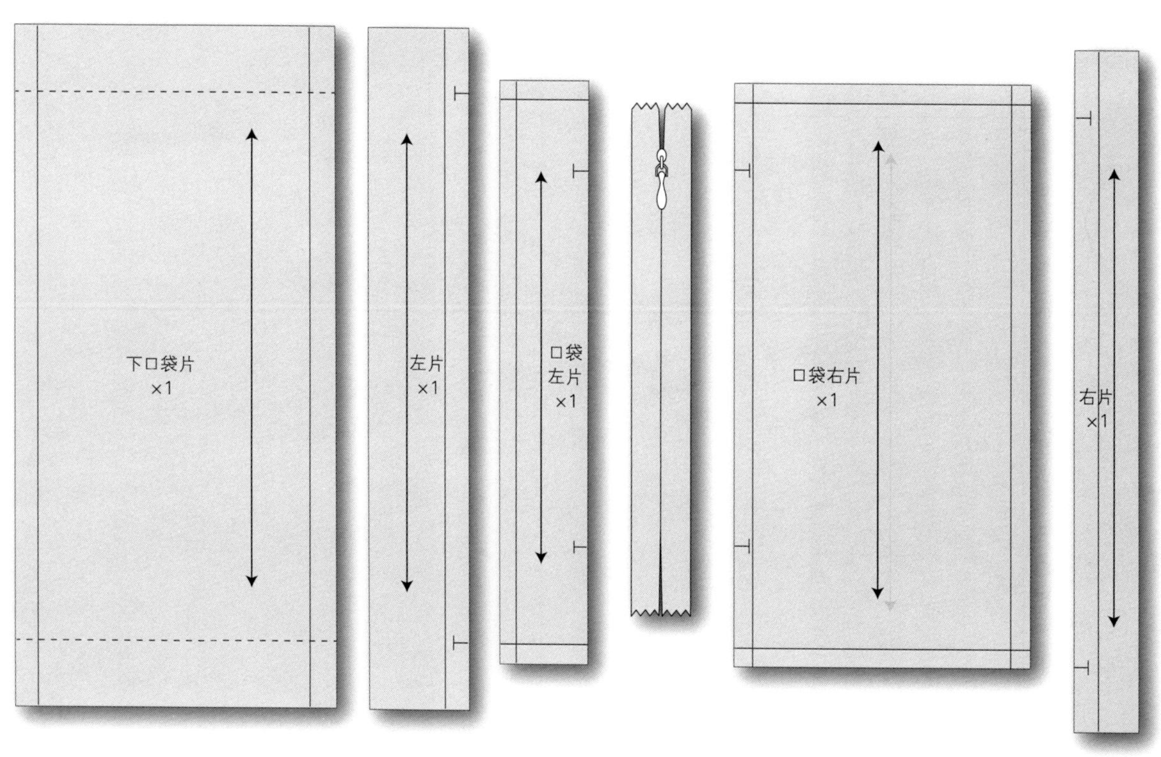

步骤1

步骤2

使用缝纫机的隐形拉链压脚，将拉链的右侧面朝下缝制在较大的纸样裁片上，从上部开始并将拉链头的顶部与面料上的剪口对齐。在接缝的开头和结尾都要打回针，这就是拉链闭合的末端，它应该与织物上的第二个剪口对齐。

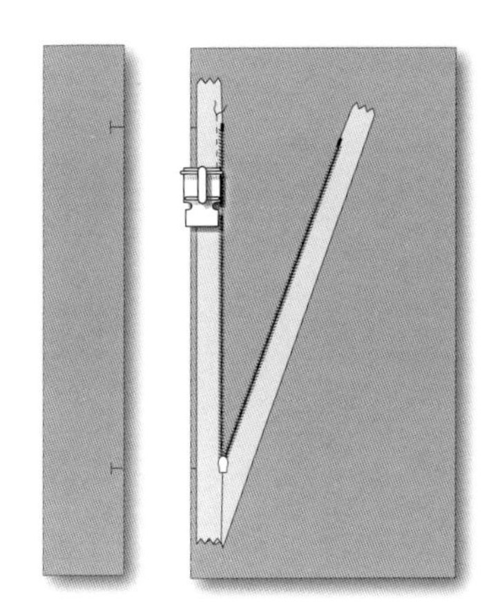

步骤2

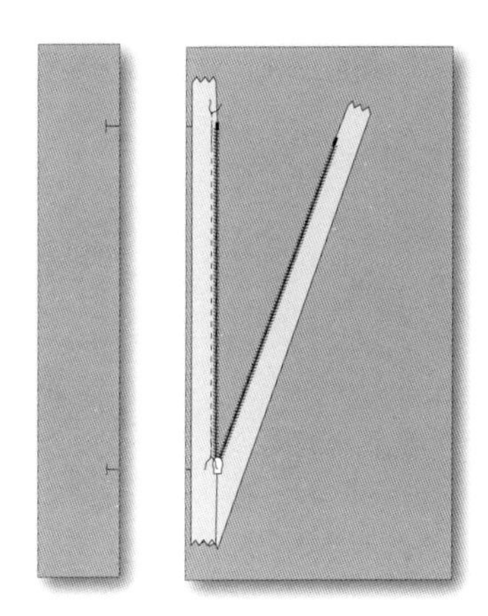

成品拉链缝线在槽口之间

步骤3

同样地，将拉链的左侧缝到另一个纸样裁片上，也在剪口之间。使用大头针将拉链布带固定在剪口之间的面料上，闭合拉链，并在顶部和底部边缘确保面料对齐。打开拉链并按照针脚标记从顶部剪口缝到底部剪口，两端打回针。

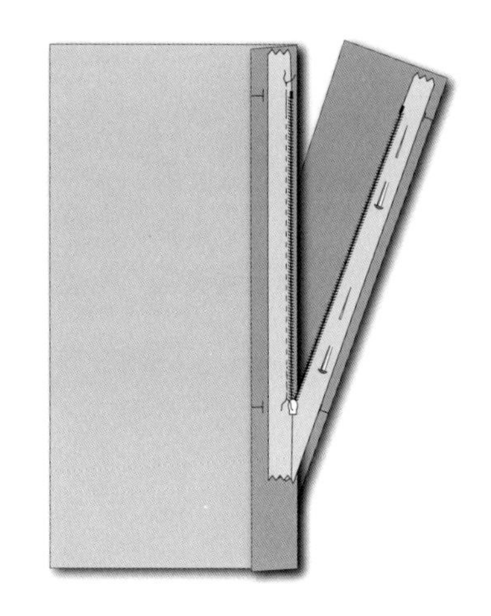

步骤3

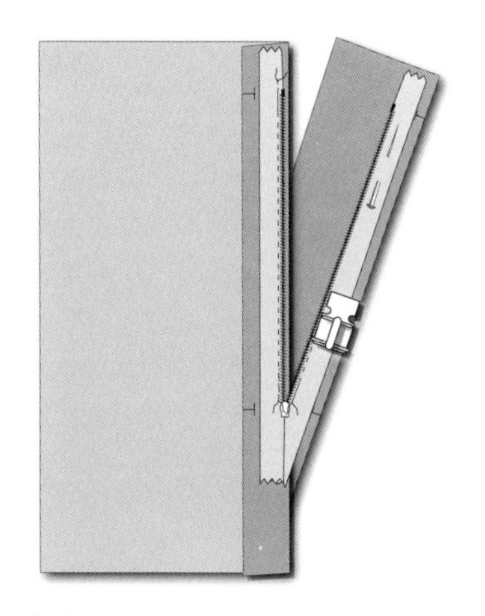

判断缝合方向是否方便，也可以从下端缝到上端固定拉链。缝合尽可能靠近拉链的卷齿，同时留出10毫米的缝份

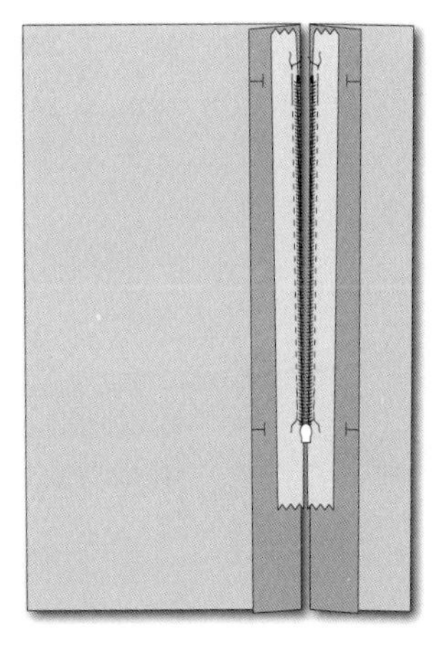

最终完成的隐形拉链（从面料的反面进行展示）。根据您使用的隐形拉链的宽度，在拉链布带边缘之外可能看不到缝份。在此图中，我们展示了比拉链布带更宽的缝份，仅供演示

步骤4

将拉链闭合并将拉链的上端和下端剩余开口部分缝合好，需要在两端打回针。

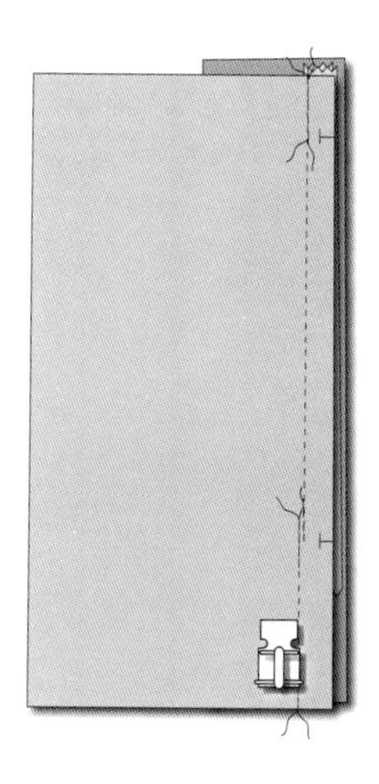

步骤4

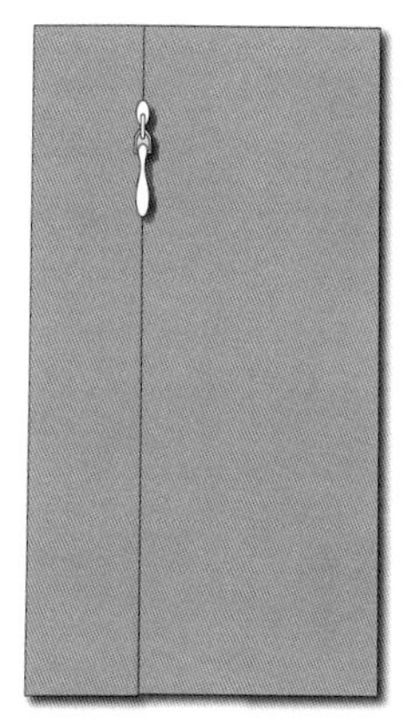

最终缝制完成的隐形拉链应用外观（从面料的正面进行展示）

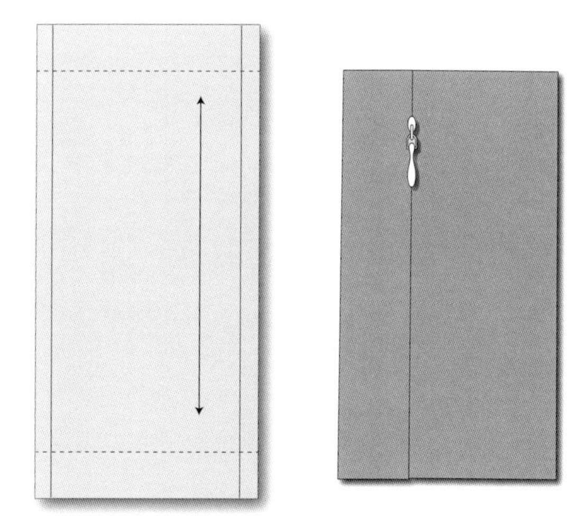

将口袋布（刚刚用隐形拉链缝合的那片）与即将缝合的面料对齐。标记出口袋位置，用虚线表示

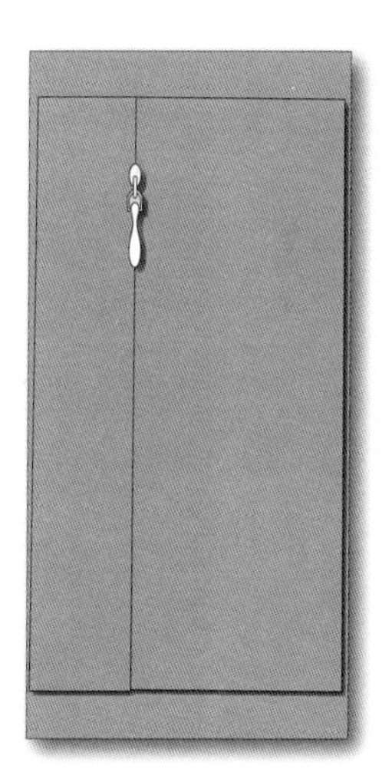

层叠的口袋和底布，它们的宽度应相匹配

步骤5

从上部边缘开始，将口袋的10毫米缝份向内部折叠，并使用大头针将其固定在底布上，使折叠的口袋边缘与底布上打的剪口相匹配。

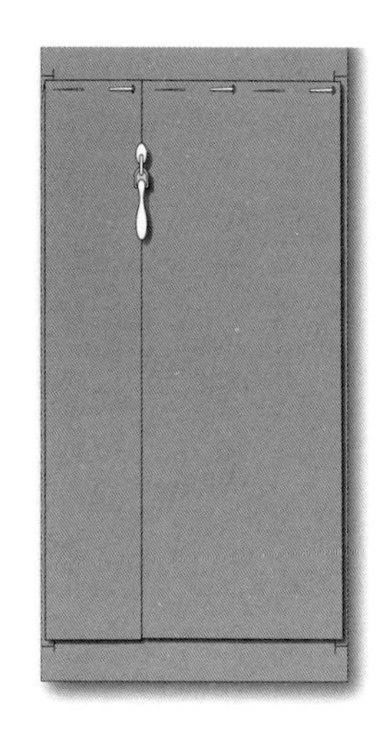

步骤5

步骤6

使用缝纫机的普通压脚，沿着大头针做好的标记缝合好口袋的明线，与面料折边保持1毫米的距离。根据织物的厚度，为了适应直明线的需求，这个折边距离也可以做调整。作为一种设计变化，这种明线也可以采用平直明线、Z字形明线、多行直明线等。

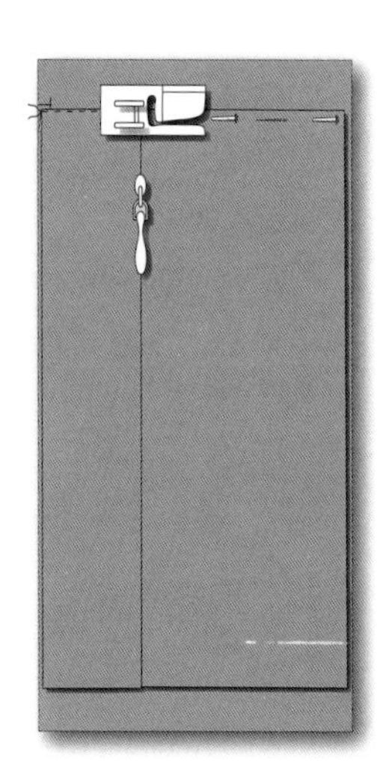

步骤6

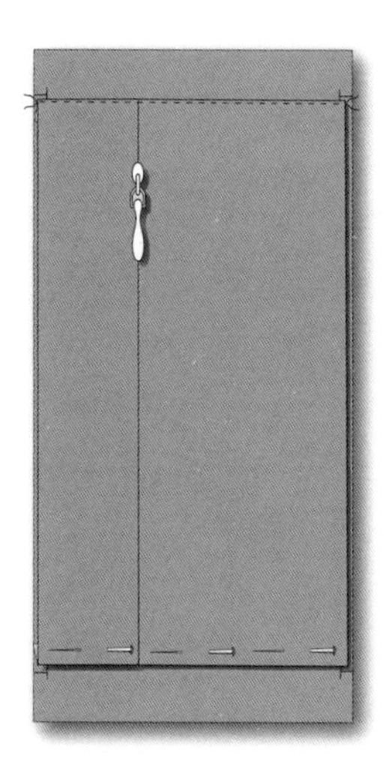

口袋上部边缘明缉线效果

步骤7

与步骤6类似，将口袋底部折叠的部分用大头针固定，在两个剪口之间对齐口袋，将底部边缘以明线缝合。口袋的垂直边缘是敞开的，接下来它们将通过两条垂直接缝缝合起来。

步骤7

步骤8

将余下的两块面料裁片与已经缝制好的应用口袋两侧的垂直边对齐。把这两块裁片翻过来，对齐口袋的垂直边缘。剪口应与外部边缘对齐。

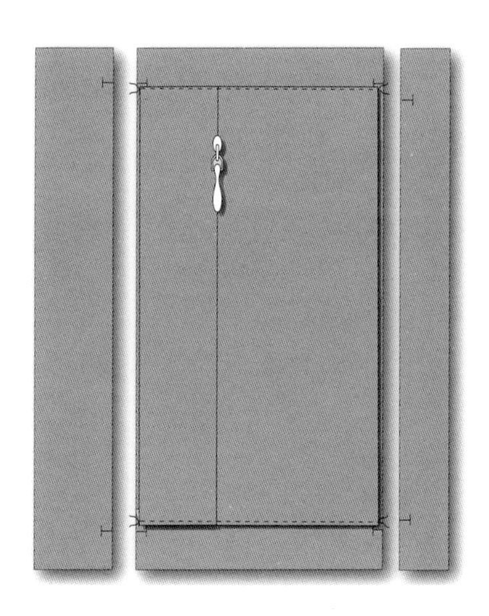

步骤8

步骤9

使用包边缝纫机（Serger）将这两个垂直接缝闭合，请确保遵循10毫米的缝份，并且不要从口袋的宽度剪裁。这些接缝还可以通过一排额外的单针链式线迹缝合来加固，模仿安全针法结构。如果这些垂直缝份之一是一条紧身裤的外侧缝，则强烈建议使用安全针法结构。

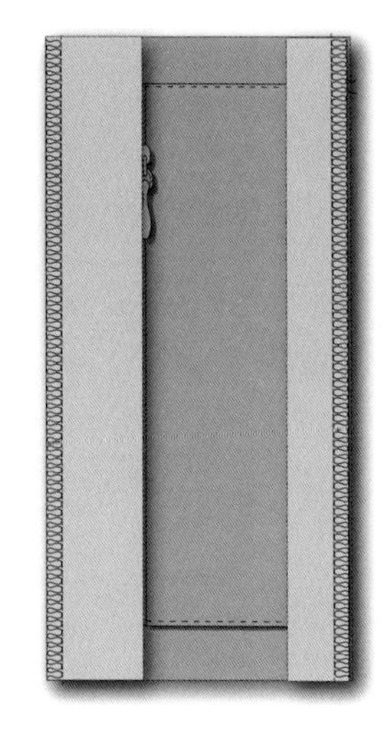

步骤9

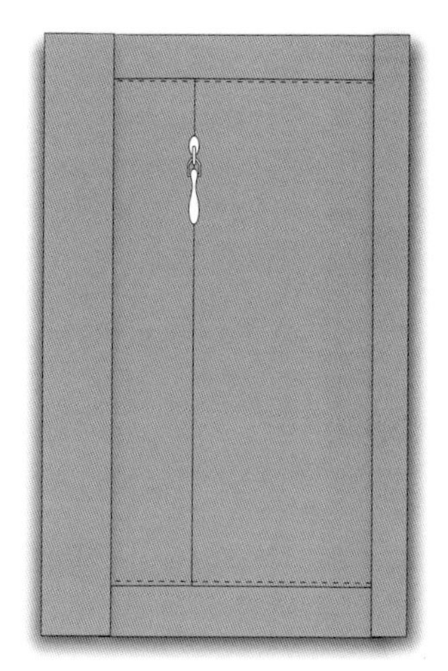

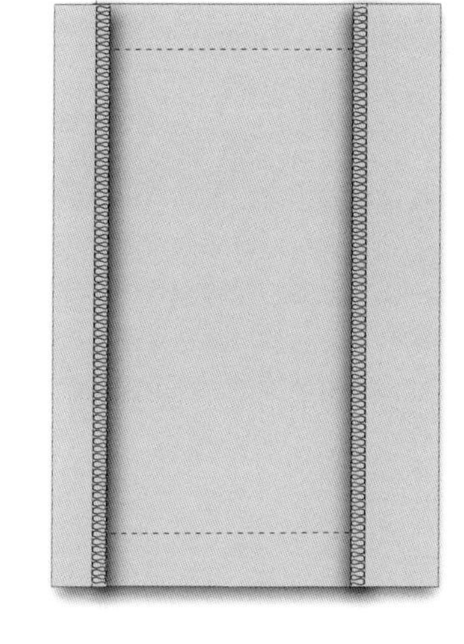

图50 组装完成的口袋的正视图和背视图

设计挑战

设计一款适合日常穿着的运动服，配有多个口袋。展示你的思维过程并探索其变化。准备一个作品集页面展示你的设计方案。

清单

- 研究和灵感、情绪和色彩；
- 设计拓展/草图；
- 白坯布拓展。

别具特色的学生作品

设计师：玛丽莎·玛泽拉，2016年，特拉华大学时尚与服装研究系

系列

受当代女性的启发，玛丽莎·玛泽拉（Marissa Mazzella）的系列“基准线”（Baseline）将网眼和口袋相结合，作为女性更好地与周围世界联系的一种方式。当下对技术的重视带来了专为手机设计的口袋，将这个必不可少的物品放在近处，同时腾出其他口袋来放置额外的必需品。网眼面料与接缝的结合，可以获得更多的运动自由，同时也可以适应消费者身体的所有变化。棱角分明的接缝和各种柔软的针织物相结合，为希望对瞬息万变的世界带来影响的活跃女性提供一种圆融而舒适的选择。

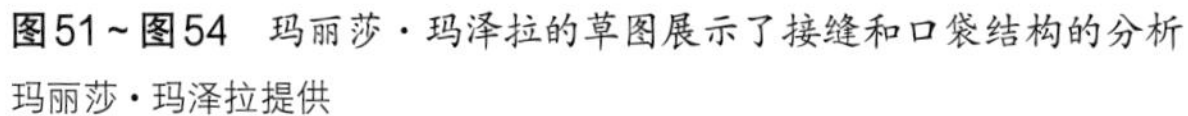

图51～图54 玛丽莎·玛泽拉的草图展示了接缝和口袋结构的分析

玛丽莎·玛泽拉提供

口袋设计过程

在运动服中似乎有两种类型的口袋：一种超大的袋鼠口袋或一种小到几乎无法使用的拉链口袋。这就是为什么“基准线”中的口袋被设计得实用且美观的原因。通过将它们放在袖子和接缝处，每个造型都具有了额外的功能，同时还可以保持干净的外观。在将口袋固定在服装上之前，每件服装都用绷缝线迹完成，或用对比色材料绲边。因为所有的口袋都沿着接缝线，所以它们都被固定在服装上，通过拷边机与服装主体部分缝合在一起。使用针织物是一种相当新的体验，会涉及使用拷边机和绷缝机进行试验。在匹配接缝时，拉伸是允许的，但也可能有问题。在固定之前，必须将织物拉得特别紧，以避免出现松垂的口袋。总体而言，口袋实现了其实用目的，同时仍与其余的设计部分融为一体。

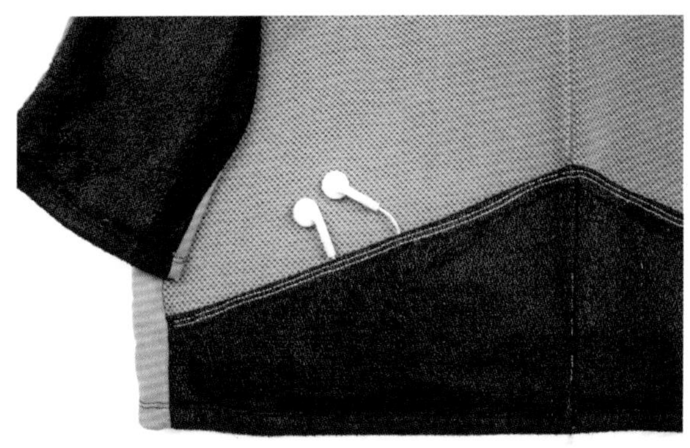

图55、图56 袖部口袋和腰部口袋，采用有对比效果的明线作为设计细节

图57 位于腰部正下方的插袋细节

第6章　高级女装的口袋

图1　梅森·马汀·玛吉拉（Maison Martin Margiela），T台，高级女装2015—2016春夏

威克特·维吉尔（Victor Virgile）/盖蒂图片提供

尽管法国高级女装协会（Chambre Syndicale de la Haute Couture）（负责确定哪些时装公司是真正的高级时装公司的监管委员会）对高级女装的构成有非常严格的规定，但当前的全球时尚奢侈品环境已经使高级女装的概念发生了变化。真正的高级女装通常是为特定客户定制的，根据穿着者的尺寸和体型，通过手工缝制技艺和高品质面料量身定制，时尚品牌必须聘请巴黎工匠。

然而，当代的高级女装在制作服装时采用的技术并没有那么令人望而却步，在巴黎时装秀上展示的许多高级女装样式也都不是完全手工缝制的，甚至不是在巴黎制造的。3D打印和激光切割等新兴技术的使用毫无疑问也进入了高级时装市场，但是保留原创手工艺的初衷很重要，这一点可以通过设计概念看出来。

根据沃斯（Worth）、香奈尔（Chanel）等品牌的初衷，在最初的高级女装设计中，专注于使面料特性适合于穿着者的身体塑形，从而达到所需的舒适度和耐磨性，永久保形，但也有设计细节的强调，以美化身体的形态和动态。出于本章的目的，我们将展示采用高级女装技巧和工艺的口袋设计示例，而且不局限于目前被法国高级女装协会认定的时装公司。

最新的时装秀展示了将口袋用作增强设计细节的方式的生动创意，而高级女装的结构工艺则实现了成衣市场无与伦比的美学效果。如今，奢华的服装既低调又完美、优雅，或者偏夸张、概念化。这两种方法都在时装秀中的口袋设计和结构方式上有所体现。

贴袋

高级女装中的贴袋通常是手工缝制的，且避免明线，如果面料有图案，总会精巧地与服装其余部位的图案对齐和匹配。以这种方式处理的贴袋不一定具有功能性，但它们通常会体现相关历史或文化价值。

在高级女装的背景下，香奈尔夹克是时尚界最时尚的服装之一。这件夹克由可可·香奈尔于1954年设计，旨在让女性摆脱20世纪50年代的紧身收腰时尚。虽然灵感来自男装夹克，但标志性的香奈尔夹克更宽松、更短小，并使用柔软的面料，使其在没有太多支撑材料（如内衬）的情况下贴合身体并且提供更多的运动自由。它原来的口袋是真实的、实用的，装饰有与其他面料相匹配或对比的镶边装饰，纽扣上印有香奈尔品牌标志。原来的纽扣有扣眼，类似于男装纽扣的样式。卡尔·拉格斐尔德（Karl Lagerfeld）在最初的夹克基础上进行了一季又一季的更新，而更新版同样保持了香奈尔标志性夹克的历史传承。

贴袋也可以是不对称的，作为时装设计的焦点，口袋本身即可以成为重工的表面装饰的合理解释。

图2、图3 香奈尔（Chanel）花呢夹克，约为1965年，贴袋的变化

雪城大学苏·安·吉奈特服装收藏

图4 香奈尔T台，2018 春夏巴黎时装周女装。侧面带有开口的贴袋过于夸张，采用具有对比效果的粗花呢面料制成，几何形状延伸至短裤下摆，融入带有肌理感的流苏中。它们被放置在身体较低的位置，以获得更随意的姿势

克里斯蒂·斯帕罗（Kristy Sparow）/盖蒂图片提供

图5 香奈尔2018春夏高级女装系列在大量珠绣的位置展示出令人耳目一新的斜插袋，同时保持对比鲜明的边缘处理，让人联想到标志性的粗花呢口袋。作为晚装样式，这款连身衣设计有口袋，使穿着者可以将双手放在舒适的位置并优雅地走路

帕特里克•科瓦里克（Patrick Kovarik）/盖蒂图片提供

图6 让·保罗·高缇耶（Jean-Paul Gaultier）巴黎时装周高级女装2015年春夏系列展示了一系列口袋，图中的口袋以非常古典的高级女装方式进行了大量装饰

维克多·维吉尔（Victor Virgile）/盖蒂图片提供

图7 范思哲（Versace），1990年秋冬，在口袋上使用标志性的金色刺绣，平衡衣身上部区域刺绣的视觉重量

布鲁姆斯伯里出版公司/摄影师尼尔•尼克英纳内（Niall NcInerney）

结构设计挑战：带珠绣装饰的高级定制贴袋

高级定制贴袋的主要结构工艺是口袋的衬里方式，然后用手缝暗缝线迹缝合到服装上。

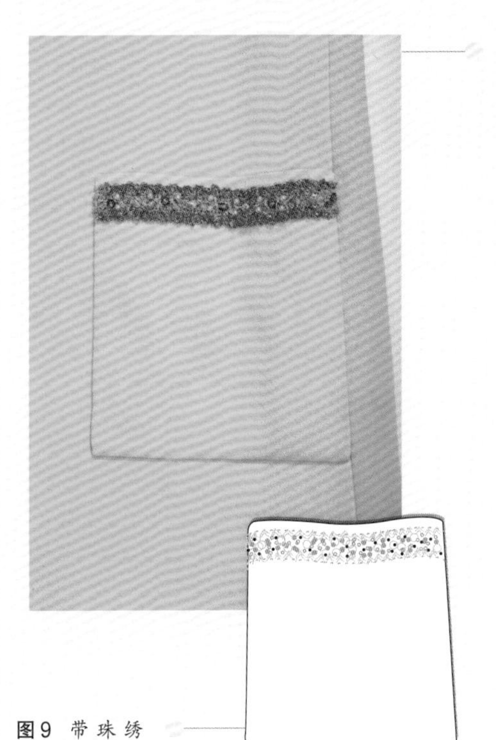

图8 新颖的羊毛A型裙上饰有金色珠绣饰边的贴袋，约为1968年。口袋内衬为真丝面料，下摆有宽为25毫米的折边。口袋下摆与梭织衬里内部缝合，以固定其造型边缘不会因为金色饰边的装饰而塌陷。将口袋两端的饰边裁掉并手工缝制，以免珠子和金色图案脱散。采用完美匹配的同色纱线和微小的暗缝线迹将口袋缝制到服装上

雪城大学苏·安·吉奈特服装收藏

图9 带珠绣装饰的高级定制贴袋平面款式图

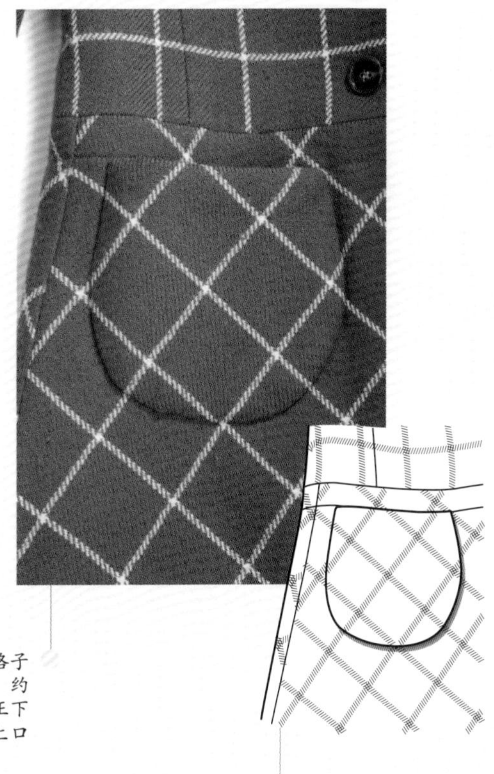

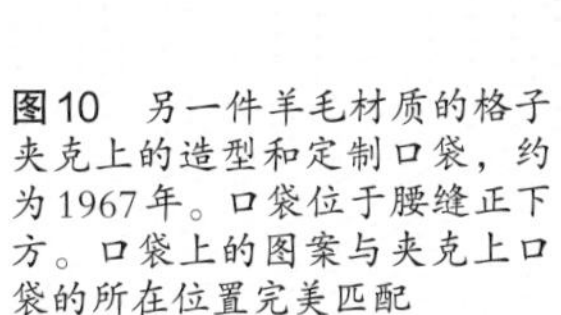

图10 另一件羊毛材质的格子夹克上的造型和定制口袋，约为1967年。口袋位于腰缝正下方。口袋上的图案与夹克上口袋的所在位置完美匹配

雪城大学苏·安·吉奈特服装收藏

图11 羊毛材质格子夹克定制口袋平面款式图

图12 梅森·马吉拉（Maison Margiela），巴黎高级女装时装周2016春夏时装秀。这些口袋是解构的、重叠的，并不要求其有功能性。然而，它们的内部结构依然按照高级女装品质的要求精心制作，并配有恰到好处的口袋布和加固部件

弗朗索·瓦杜兰德（Francois Durand）/盖蒂图片提供

口袋也可以纯粹是装饰性的，作为概念性的表达。

时装贴袋设计的另一种方法为在其表面进行面料再造提供了机会，添加夸张的、引人注目的、精致的手工制作细节，与庞大的廓型形成鲜明的对比。

图13 蒂塔·万提斯（Dita Von Teese）穿着让·保罗·高缇耶2008—2009秋冬高级定制时装系列的造型。这件夹克装饰有上部和两侧有开口的多个小袋

斯戴芬·卡蒂内尔－库比斯（Stephane Cardinale-Corbis）/盖蒂图片提供

图14 巴伦夏加（Balenciaga）2015春夏巴黎高级成衣时装秀。这些口袋的构造需要巧妙地处理缝份，在白色织物的细条之间形成完美的直角。尽管这件衣服是在高级成衣系列中出现的，但口袋的高级结构很容易被看作是高级女装

安东尼奥·德·莫拉斯·巴罗斯·菲尔赫（Antonio de Moraes Barros Filho）/盖蒂图片提供

结构设计挑战：时装贴袋

设计时装贴袋的另一种方法是根据贴袋在人体的位置来设计贴袋的表面和形状，以改善人体的体态和廓型。

图15 另一个例子是一件丝质连衣裙，约为1965年。这款应用口袋具有一定的形状，并且采用与服装相同的双层本料制成，具有轻质贴边，圆形边缘采用本料贴合而成，以获得圆润的轮廓并隐藏手缝线迹。就像经典的高级定制贴袋一样，这个例子也是手工缝制的，在滚边下方有细小的手缝线迹，这样就可以产生折边而不是扁平地缝到衣服上。目的是让这些小口袋保持打开状态，重塑腰线以下的收腰廓型

雪城大学苏·安·吉奈特服装收藏

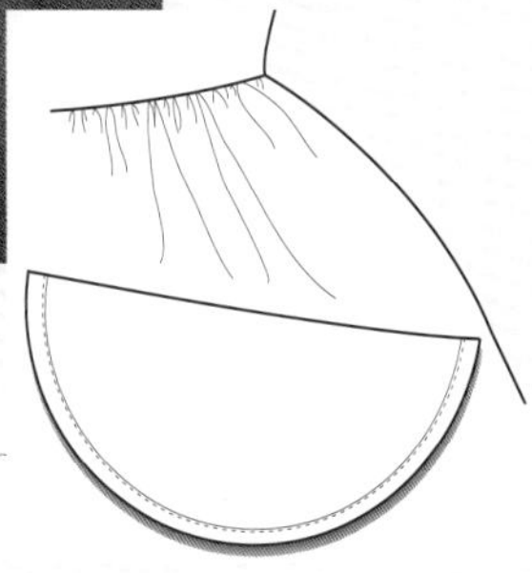

图16 丝质连衣裙口袋平面款式图

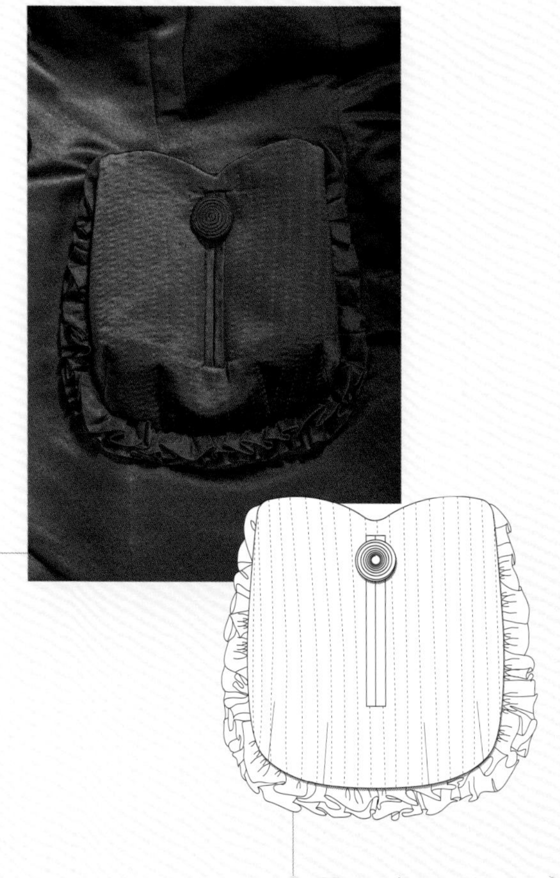

图17 这件科诺菲尔/梅尔（Conover/Mayer）1995年系列的缎面夹克有四个口袋，分别位于胸部和臀部位置。口袋底部带有四个小省道的立体结构使得口袋的下端而非顶部的边缘体积增加。夸张的嵌线扣眼是一个创意细节，纽扣缝在扣眼的末端。一排排直线迹为口袋表面增添了肌理感，环绕四周的小荷叶边凸显了所有细节，同时也是立体口袋和夹克表面之间的过渡设计元素

雪城大学苏·安·吉奈特服装收藏

图18 荷叶边口袋平面款式图

较新颖的透明面料（如乙烯基）因其半透明的色彩和造型的创造性特点而被应用于高级定制中。其使结构变得清晰可见，任何色彩的线都会形成对比，因此成为可视化的设计元素。贴袋在灵感上可以更实用，而结构细节需要具有高端品质感，如制作精美得像珠宝一般的纽扣、手工扣眼等。豪华面料禁止使用黏合衬来加固口袋位置，而是使用手工贴缝工艺缝制的透明硬纱。

图19 夏帕瑞丽（Schiaparelli），巴黎时装周T台，2017—2018秋冬高级女装。乙烯基口袋将增加口袋容量作为设计重点，重视裤子上的实用贴袋的功能性

维克多·维吉尔（Victor Virgile）/盖蒂图片提供

图20 夏帕瑞丽巴黎时装周T台，2017—2018秋冬高级女装。乙烯基口袋将增加口袋容量作为设计重点，重视裤子上的实用贴袋的功能性

维克多·维吉尔（Victor Virgile）/盖蒂图片提供

插袋

蕾丝面料细腻柔和，贴袋会过于明显，因此插袋通常是首选。在这种情况下，蕾丝口袋使得穿着者有机会展示服装，可以随着人体的不同体态而呈现出微妙的复杂性，而并非仅仅作为一个携带物品的口袋。

图21 法国，克里斯汀·拉克鲁瓦（Christian Lacroix）2008—2009秋冬高级女装蕾丝插袋，巴黎时装周

史蒂芬·卡迪纳尔－考比斯（Stephane Cardinale-Corbis）/盖蒂图片提供

结构设计挑战：隐藏式插袋

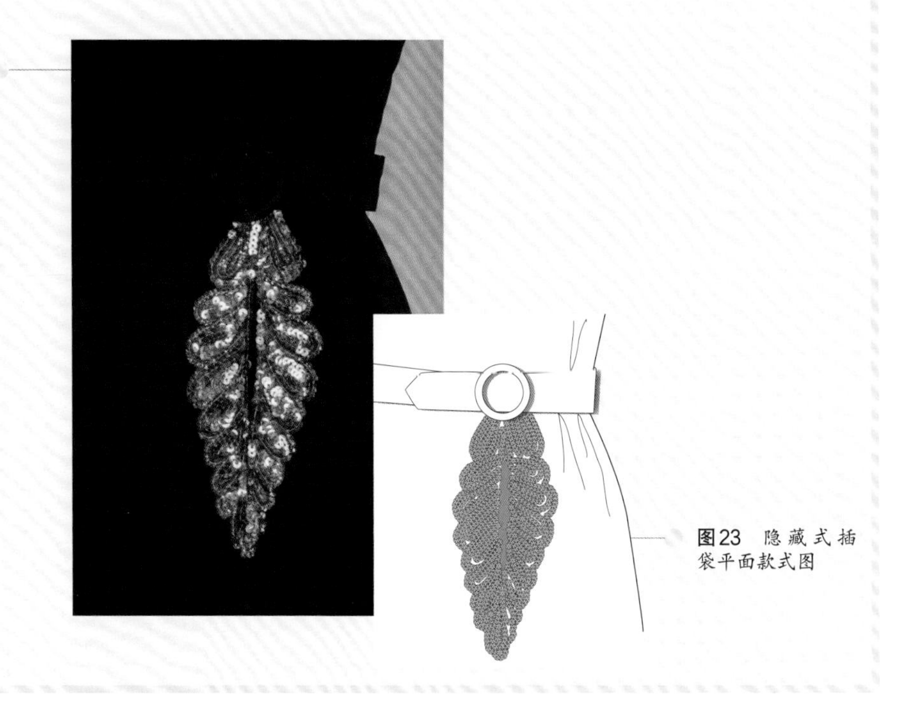

图22 黑色绉绸连衣裙，约1944年，在公主缝中有一个隐藏式插袋，以亮片重工刺绣的方式占据主位。口袋的存在使叶子设计具有动感并更加显眼，引人注意。当穿着者使用口袋时，叶子设计会发生变化并抚摸穿着者的手腕，像手镯一样使她的手臂得以强调。厚重的天鹅绒面料是亮片刺绣的绝佳支撑。腰带圆扣的设计也增加了刺绣叶子的细节

雪城大学苏·安·吉奈特服装收藏

图23 隐藏式插袋平面款式图

开袋

作为最常见的开袋类型，单嵌线和双嵌线口袋在高级女装设计中拥有永恒的地位。大多数夹克和大衣都有不同版本的开袋，女装有极具装饰性的精致袋盖，男装具有简约柔和的设计风格。

运用现代面料重新演绎经典的燕尾服款式，如金属和乙烯基，或解构，或以夸张分割的方式为特征，应用元素之一就是口袋。

图24 克里斯汀·迪奥（Christian Dior），巴黎时装周，2015—2016秋冬高级女装。唯一添加的定制口袋在形状和尺寸上均采用夸张设计，并采用其他经典结构

安东尼奥·德·莫拉埃斯·巴罗索·菲尔霍（Antonio de Moraes Barros Filho）/盖蒂图片提供

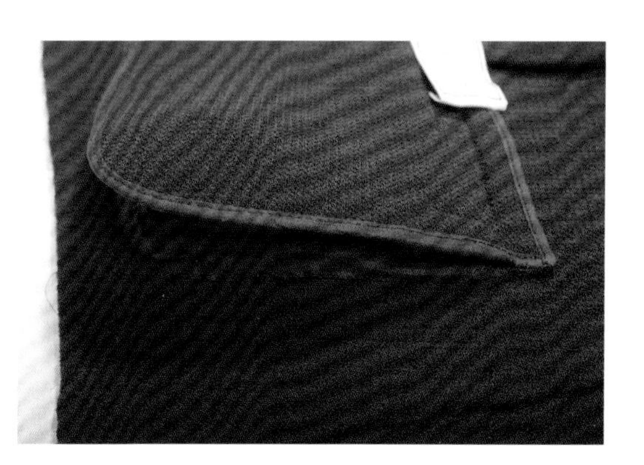

图25、图26 这款不对称羊毛毡夹克由杰弗里·宾奇（Geoffrey Beene）设计，有一个基本的单嵌线开袋，带有袋盖和纽扣以进行开合。内侧的口袋布的细节结构精美，可以携带一些物品。然而，夹克的内部没有里衬，因此当穿着者脱下夹克时，口袋里的袋子就会显现出来。本着高级女装设计的全部精髓，对于这些或多或少可见的细节需要进行特殊处理。因此，附有一个由轻质丝绸衬里织物制成的口袋布插片，也可用于对毛毡边缘进行绲边处理。插片由手工缝制在夹克面料上，缝线在夹克的正面是看不见的

雪城大学苏·安·吉奈特服装收藏

结构设计挑战：双嵌线开袋

图27、图28 这款贝尔·布拉斯（Bill Blass）羊毛格子夹克具有有趣的双嵌线开袋细节，如嵌线的形状和面料方向。口袋处嵌线织物的斜纱方向是非常明显的。不规则的矩形嵌线突出了口袋倾斜的角度，越靠近夹克中心位置越窄，越靠近侧缝位置越宽，这是比较讨巧的腰部细节。夹克没有衬里，因此口袋布的边缘使用封闭线迹进行清洁处理。令人惊讶的是，口袋包的图案与夹克的其余部分一样放在直丝方向上，但条纹并不要求对齐

雪城大学苏·安·吉奈特服装收藏

图29、图30 双嵌线开袋平面款式图

图31 香奈尔（Chanel），巴黎时装周T台，2018年春夏高级女装。带袋鼠口袋的晚装设计引人入胜。口袋开口刚好足以容纳四根手指，该设计并不打算让整只手都放在里面

克里斯蒂·斯帕罗（Kristy Sparow）/盖蒂图片提供

访谈

乔治斯·霍贝卡（Georges Hobeika），法国巴黎高级女装设计师

图32　乔治斯·霍贝卡

法国巴黎高级女装设计师乔治斯·霍贝卡以其对女性气质、浪漫和优雅的标志性表达而享誉国际，并以其创意风格和个性单品令时尚界着迷。在学习土木工程期间，乔治斯·霍贝卡发现了自己对时装设计与生俱来的热情，他开始为他的母亲画裙子草图，帮助母亲开设一家工作室，客户越来越多。为了追求梦想，他离开了巴黎，并通过在香奈尔（Chanel）品牌的实习而完全沉醉在时尚界。乔治斯·霍贝卡回到贝鲁特，建立了自己的工作室，并准备于2001年在巴黎时装周上首次亮相。如今，乔治斯·霍贝卡拥有不断增长的高级女装客户，并成功建立了三个成衣系列——乔治斯·霍贝卡新娘（Georges Hobeika Bridal）、乔治斯·霍贝卡个人标签（Georges Hobeika Signature），以及乔治斯·霍贝卡的GH（GH by Georges Hobeika）。

您是如何对时尚产生兴趣的？

当我母亲请我帮忙与她的工作室客户会面时，我便对时尚产生了兴趣，我为他们提供草图服务，并监督连衣裙和套装的制作。当时我正在学习土木工程，不知道自己会对时装设计感兴趣，而我逐渐喜欢与母亲的客户一起工作，这些客户最终也成了我自己的客户。目前，我独立经营着自己的时装屋，并参与品牌运营等方方面面的工作。

作为高级女装设计师，您在设计中添加口袋一定是有特定原因的。您为什么会进行包袋设计呢？

出于多种原因，我在设计中加入了口袋。首先，女性通常喜欢口袋的实用性和舒适性。其次，有口袋的搭配与没有口袋的样式相比通常增加了现代感或时尚元素，也往往会给样式带来年轻、休闲的气息。当以平底鞋来搭配晚礼服时，情况也大致相同。

您在设计口袋时会考虑哪些因素？

如果口袋是设计的一部分，我会确保它很明显。口袋虽然引人注目，但我通常会在适当的情况下突出其外观。

在设计带有装饰和/或精致面料的口袋时，有哪些挑战？

设计口袋的挑战在于如何设计和整合它们，以体现现代风貌，同时保留口袋的经典功能。

口袋是您品牌不可或缺的一部分吗？

我会说口袋一直是我品牌的重要风格代码，就像蝴蝶结一样。口袋已经成为那些追求时尚的人用来将我的设计与其他时装公司的设计区分开来的标志。

还有什么要补充的吗？

在我的系列中总是为了给连衣裙、夹克或裤子带来显而易见的视觉细节而设计口袋。我们将口袋设计得显眼，且有目的地设置其位置，或者带有精美的刺绣，使其作为饰品脱颖而出。这为设计赋予了优雅和现代感，同时也预示着高级女装和成衣的未来。

图33 乔治斯·霍贝卡2017春季高级女装
阿兰·乔卡德（Alain Jocard）/盖蒂图片提供

结构设计教程

带有塔克褶裥的外露插袋

这种口袋设计融合了一些高级定制技术，如立体裁剪，根据身体比例绘制口袋开口并用手工缝纫，其目的在于管理褶裥下方的织物量感。不同的面料应该使用不同的处理方式来管理褶裥的柔软度和悬垂性以及缝份的整理方式。

虽然本教程是高级定制口袋设计的一个很好的练习，但如果您尝试使用与坯布不同的面料进行这些步骤，首先应该按照纸样来进行立体裁剪。如果采用与坯布的重量和结构不同的面料按照所提供的纸样裁剪，可能设计成果不会以相同的方式贴合身体。

虽然口袋有插袋结构，但它的形式不适合隐藏插袋或外露插袋。弯曲的口袋开口在相同的接缝处结束，即侧缝，而口袋布的结构是将整个布片插入现有服装纸样前片的类似形状的贴片中。

在缝纫教程开始之前，将概述由立体裁剪过程产生纸样草图的过程。

通过立体裁剪绘制纸样

当以立体裁剪的方式完成塔克褶裥后，在裙子上的口袋开口处做标记。在本教程中，它是弯曲的，以遮住褶裥，但也可以从整体设计概念和轮廓考虑的角度改变其形状。标记完口袋开口位置后，从人台上取下坯布布片，用铅笔标记所有缝份（四周留出10毫米）。

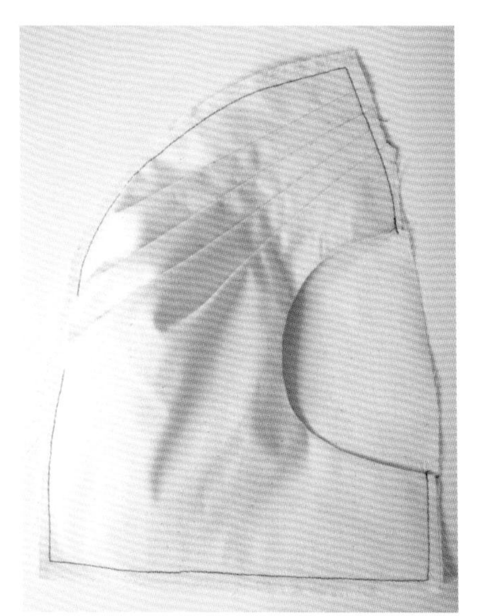

图34 成品口袋布片

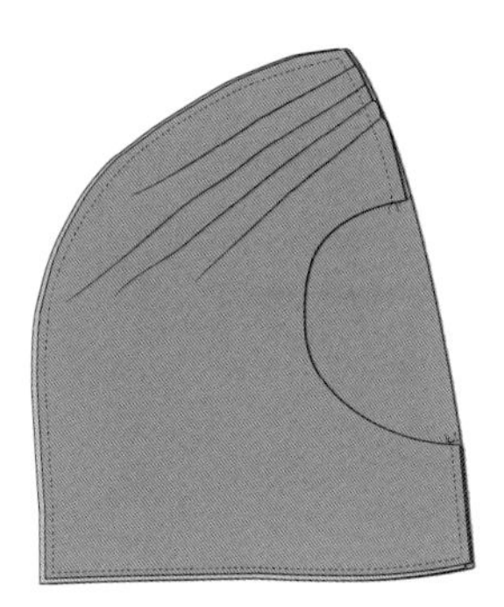

图35 成品口袋的平面工艺图

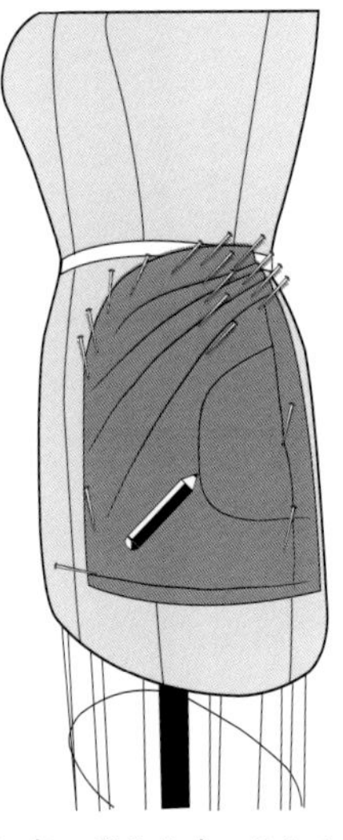

图36 坯布口袋被披在8号人台上。四个褶裥垂褶通过立体裁剪的方式贴合人台臀部较高位置的曲线，位于预留口袋开口的上方，排好褶裥并标记好口袋的闭合部位，直到将织物的褶裥与坯布的边缘贴合平服，因此它不会在底部或前片垂直边缘处形成任何堆叠或褶皱

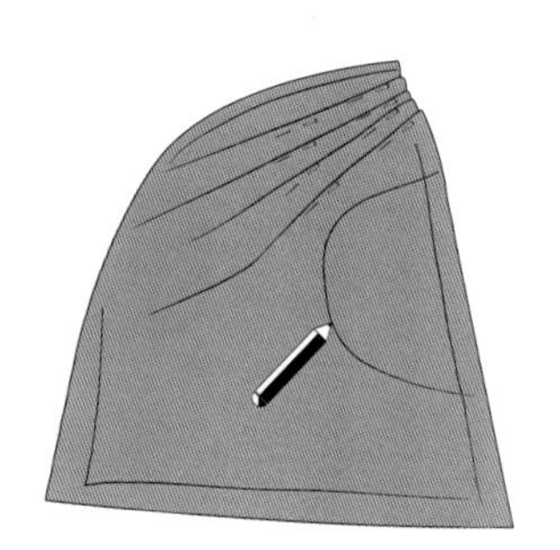

图37 完成立体裁剪后的坯布口袋，从人台上取下并平放在桌子上。使用尺子等制板工具纠正不平顺的铅笔痕迹，还要均匀地修剪所有缝份余量

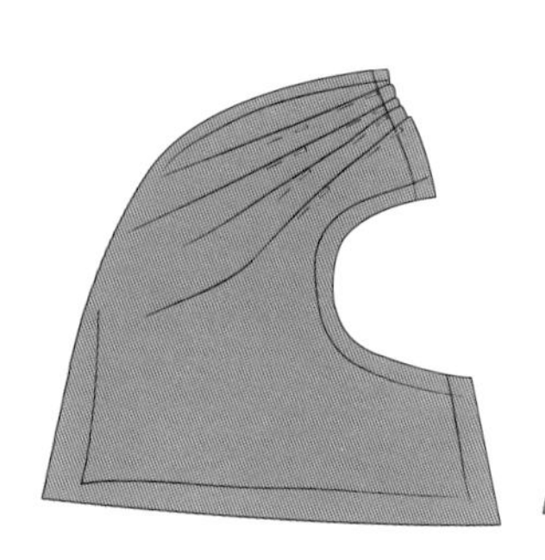

图38、图39 取下下面的坯布（基本上是口袋布），并标记口袋开口的切口，将它们从口袋里转移

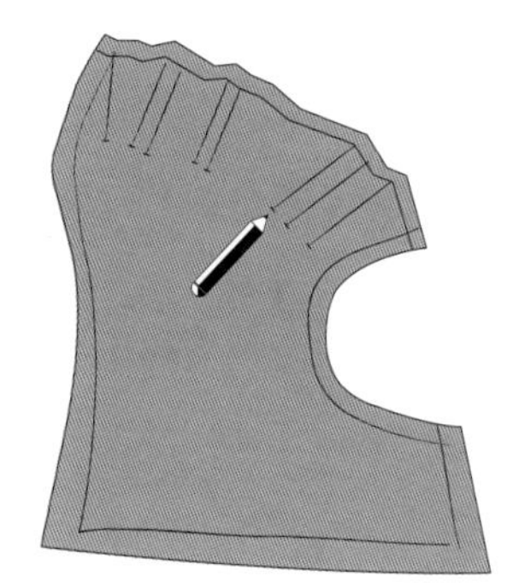

图40 从口袋片上取下所有大头针并用铅笔标记出八条褶裥线迹。测量并确保成对的褶裥线迹具有相同的长度，因为它们将被缝合在一起

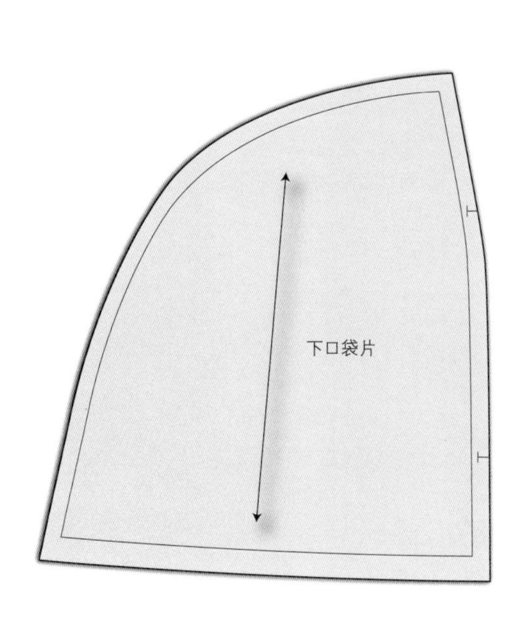

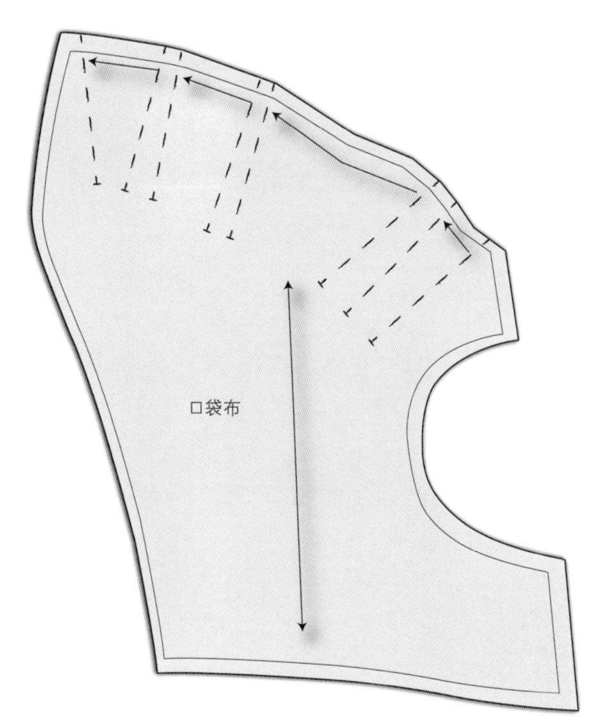

图41 成品纸样样板。口袋片需要裁剪两次，第二片将用来确保口袋开口处干净平整

缝纫教程

在坯布上按照纸样沿着经纱方向进行裁剪，并标记所有切口。此外，仅在一片织物上标记织物右侧的褶裥线迹。

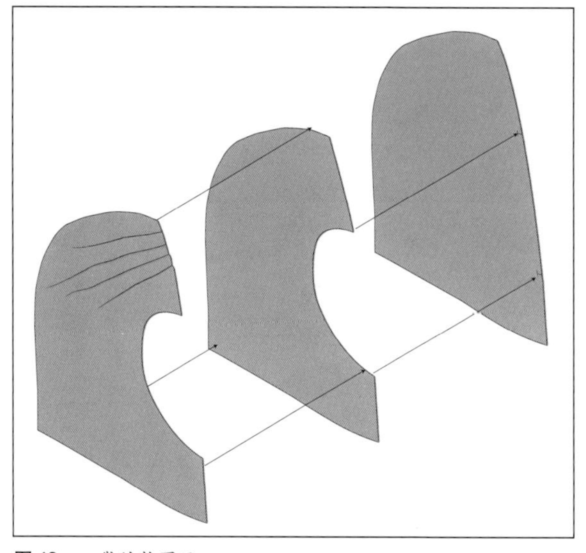

图42 口袋结构图示

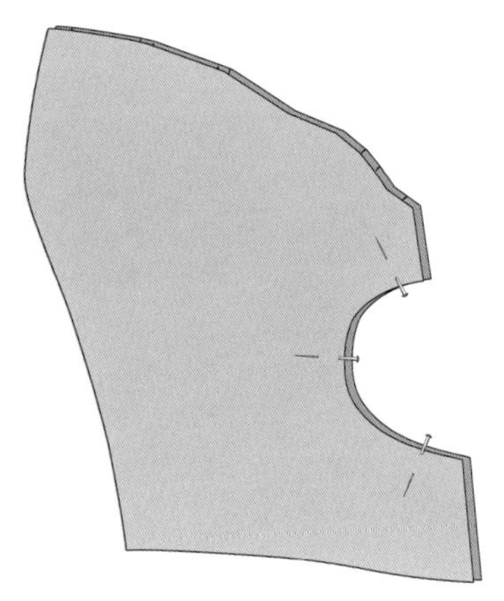

步骤1

步骤1

将两个口袋纸样重叠，织物的右侧在里面，并在弯曲的口袋开口周围用大头针固定。

步骤2

对弯曲的口袋开口进行机缝，缝份留有10毫米，在开头和结尾处以打回针加固。

步骤3

剪切缝份余量，将其中之一修剪至5毫米。这将减少缝份内的体积。

步骤4

用剪刀对整个弯曲的缝份打剪口，均匀地分开，间距约20毫米，确保不要剪断缝迹线。

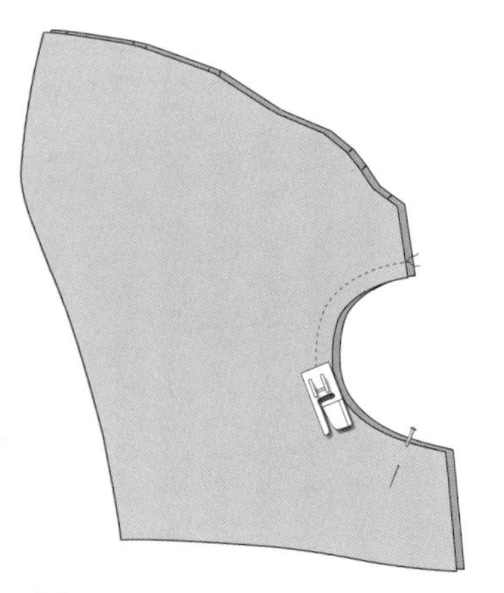

步骤2

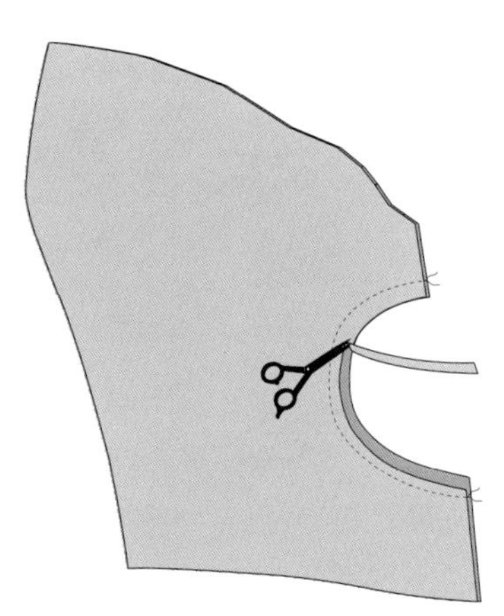

步骤3

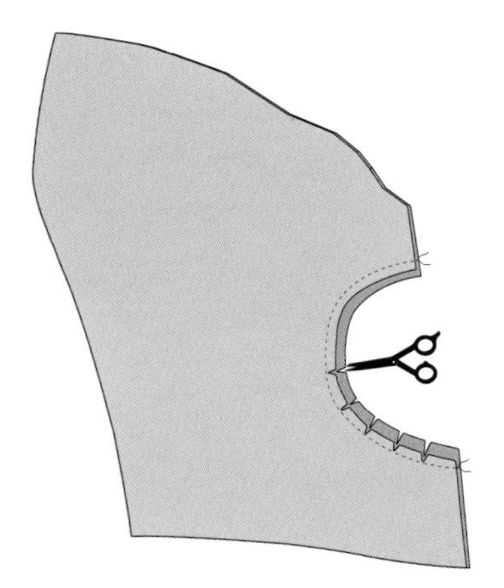

步骤4

步骤5

转到另一侧的口袋，检查口袋的弯曲边缘，它应该是平的，没有褶裥。如下图所示，具有褶裥标记的织物面应位于上部。如果它不在上面，将纸样放在这件缝制件的上部并再次描绘褶裥线，以使它们在作品的上部可见。

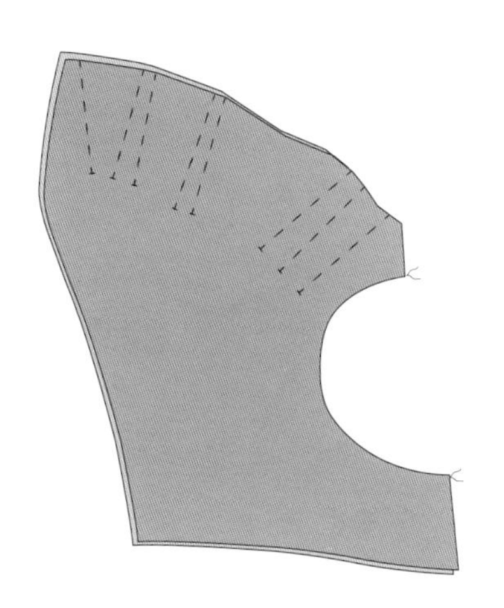

步骤5

步骤6

再次打开口袋布片并准备对底层边缘进行缝合，尽可能靠近缝份线，以使缝份余量保持在口袋的背面。

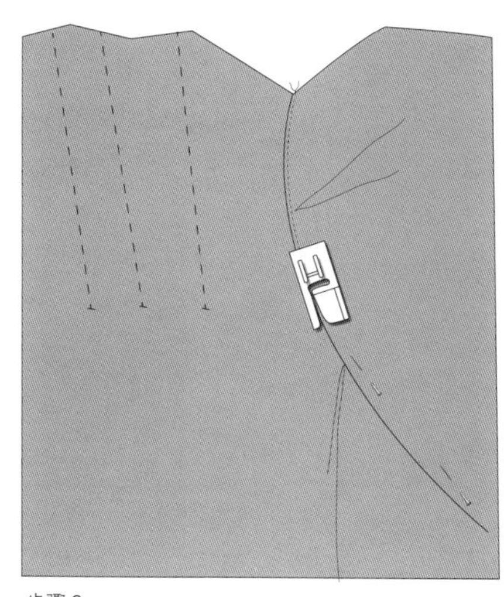

步骤6

步骤7

底缝线应该只能从口袋的背面看到。使用热熨斗将这个缝份压平。

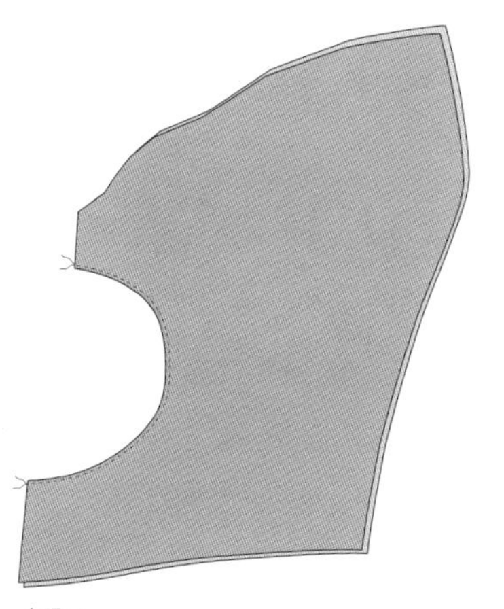

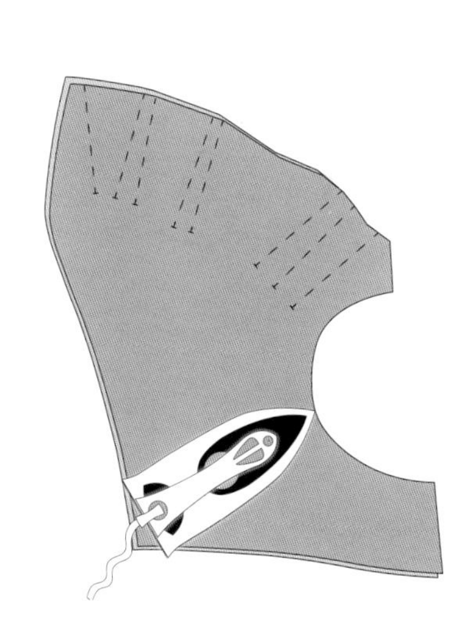

步骤7

步骤8

沿第一个褶裥线折叠口袋布片，并沿缝份线固定大头针。确保标记出折叠针迹的结束位置。沿着固定线进行机缝，在开始和结束处打回针。

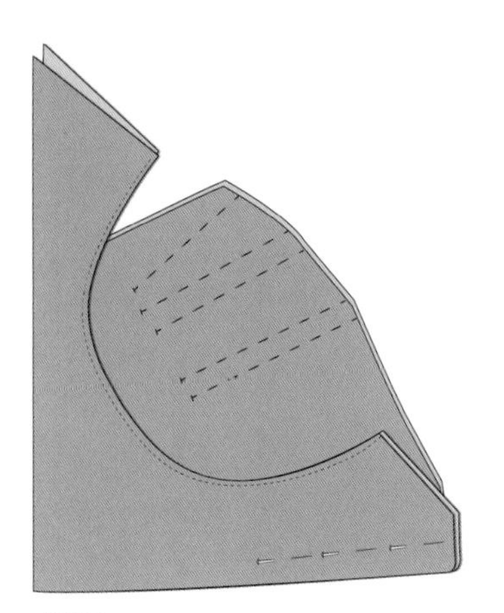

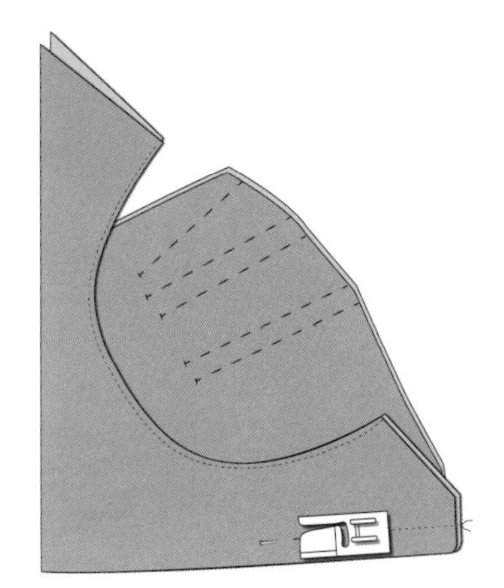

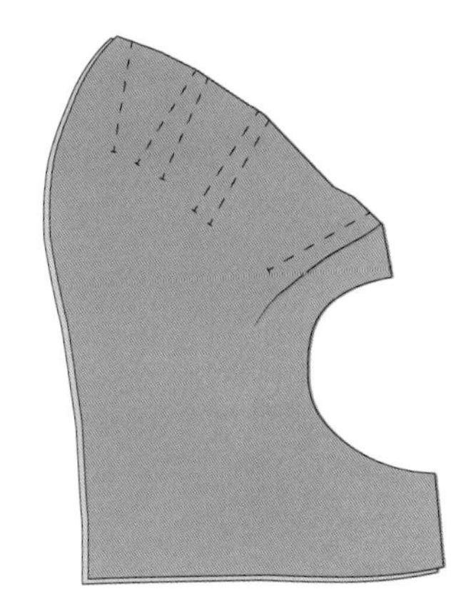

步骤8

步骤9

同样，沿着第二个褶裥的标记线固定大头针，并机缝，确保在开始和结束时织物层没有移位。打回针，打开正面，并检查是否有缝份起皱。

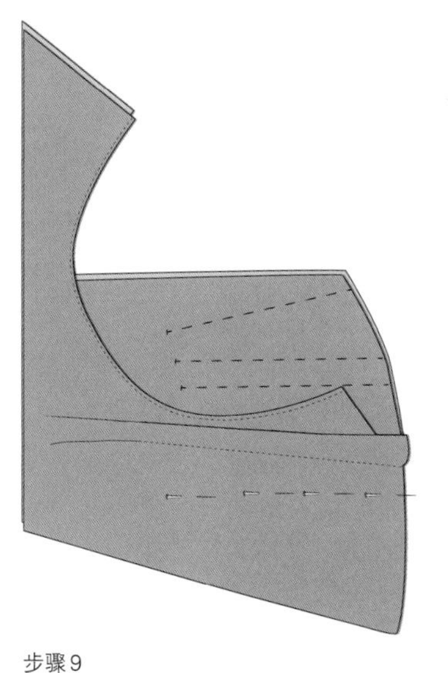

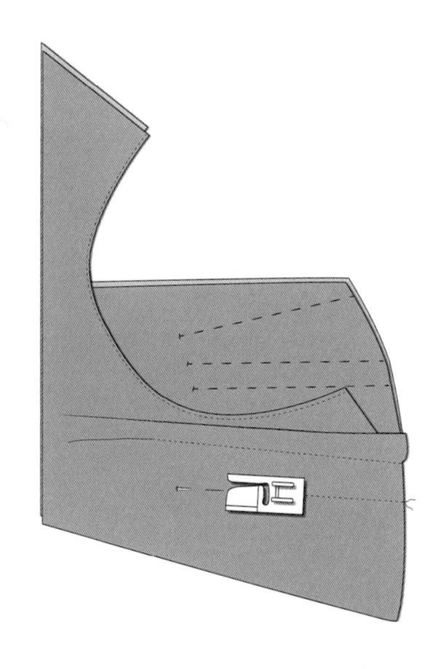

步骤9

步骤10

四个褶裥都按照相同的步骤来完成。

步骤11

现在，你会发现褶裥不均匀，这是因立体裁剪过程造成的，褶裥重叠并在口袋的背面产生过多的体积。因此，有必要从每个褶裥中修剪掉多余的织物体积。使用剪刀剪下每个褶裥，要确保修剪线短于褶缝线。如果你修剪得过长，口袋中将会出现一个洞。

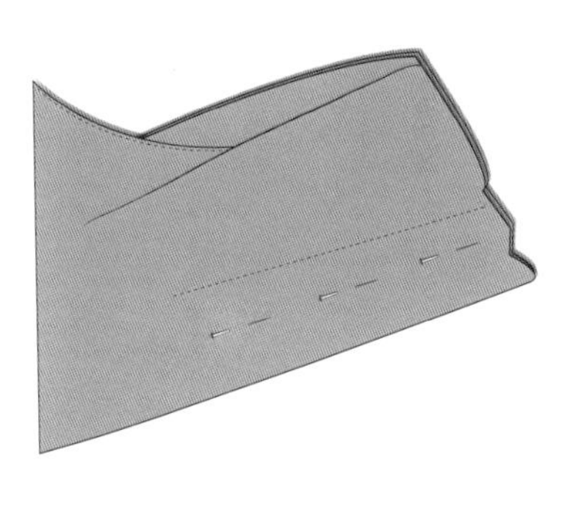

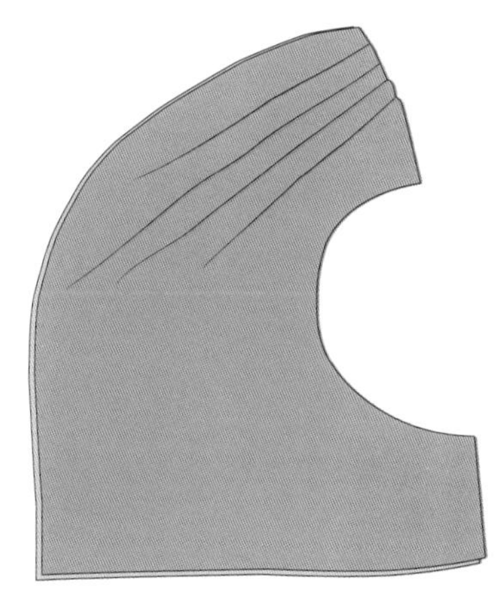

步骤10

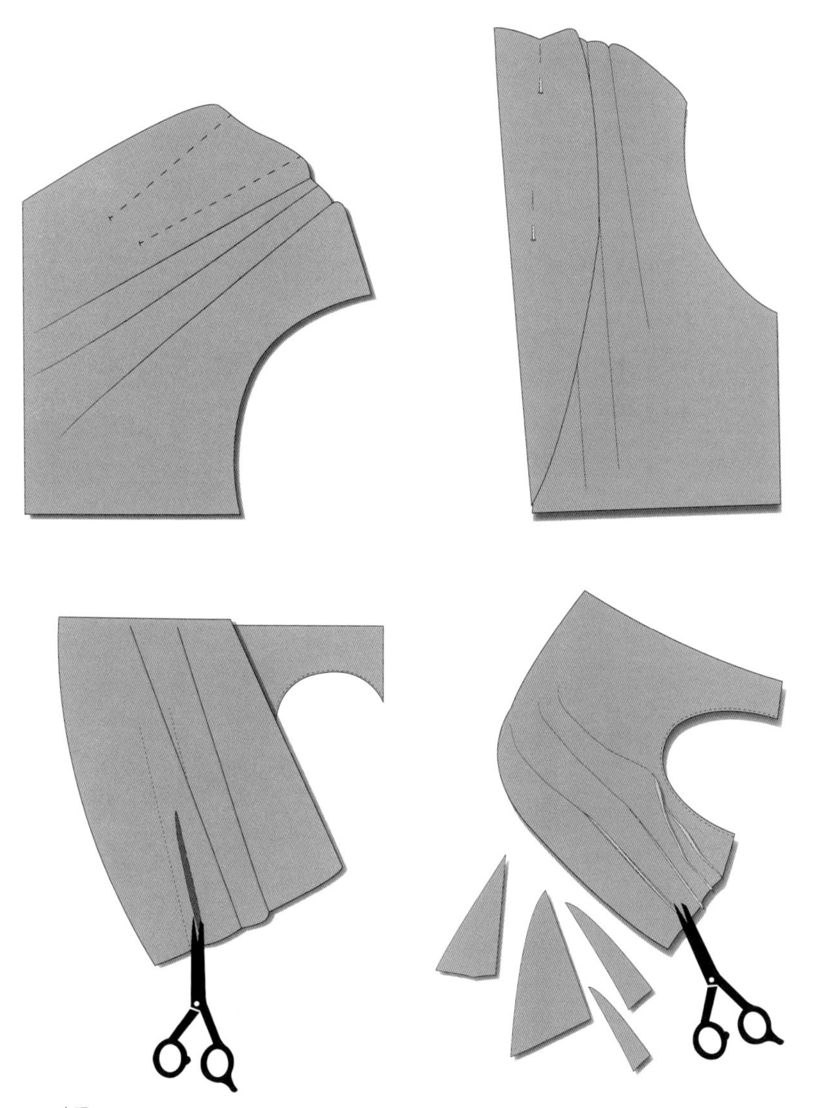

步骤11

步骤 12

现在有必要按下褶裥并使用手针和手缝技术将它们缝制到褶裥的缝份处。从边缘开始并以从左到右的方向缝制（如果你习惯用右手），只需将针夹在织物的一小部分中即可。经常检查口袋的正面，确保针脚没有露出来。一直缝合到因修剪掉多余的织物而产生的毛边末端。在缝合结束时打一个结，剪断线，然后开始缝合第二个褶裥的原始边缘。所有褶裥都需重复这个步骤。

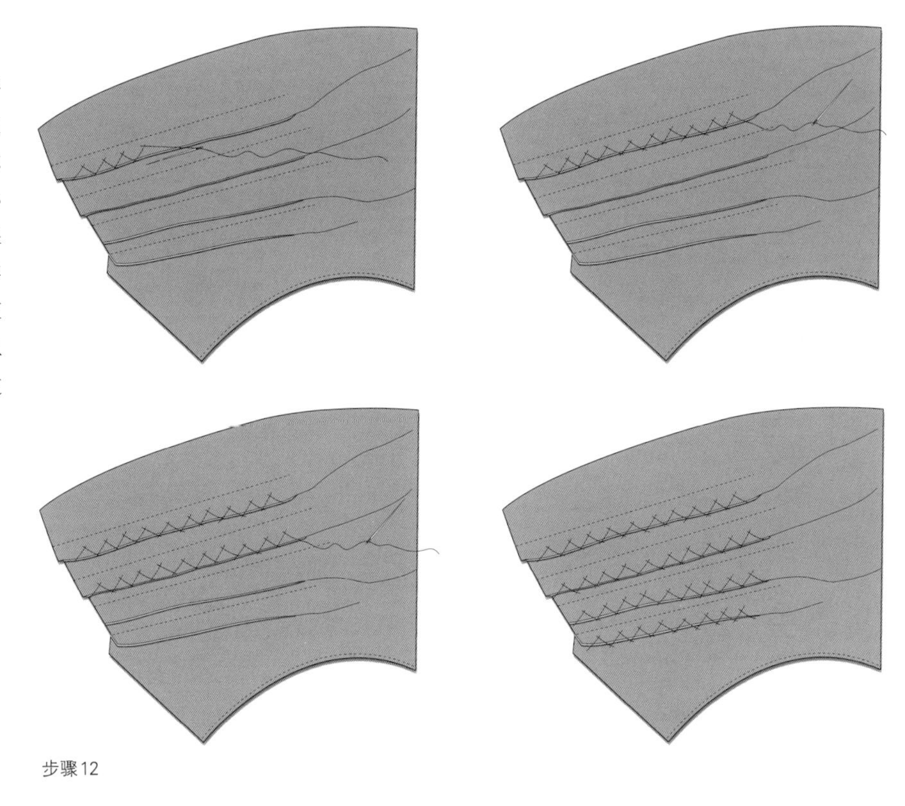

步骤 12

步骤 13

用热熨斗按压褶裥，确保它们平整。

步骤 13

步骤 14

拿出根据纸样裁剪下的另一块坯布。最后一片将通过贴片处理来闭合口袋。

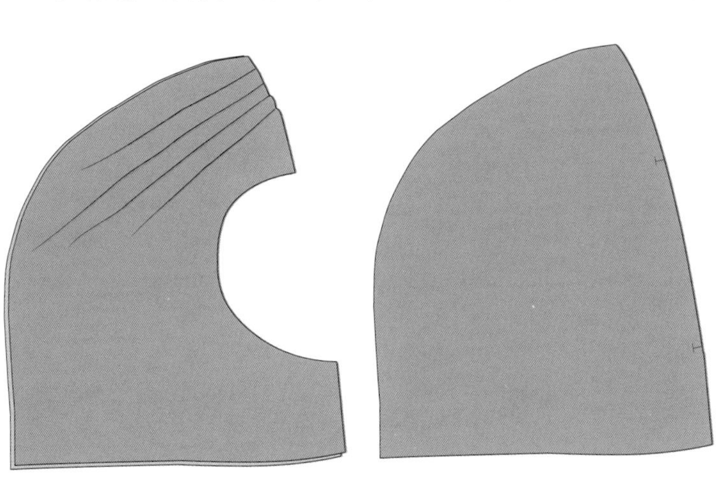

步骤 14

步骤15

重叠口袋和口袋布，将切口和弯曲口袋的开口对齐。四周用大头针固定，以确保和准备缝合。机器缝合10毫米缝份周围的原始边缘，从一个口袋开口端开始，在另一个开口端完成。

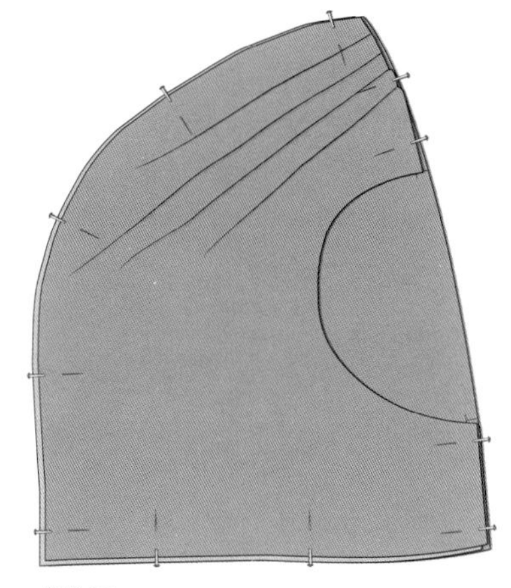

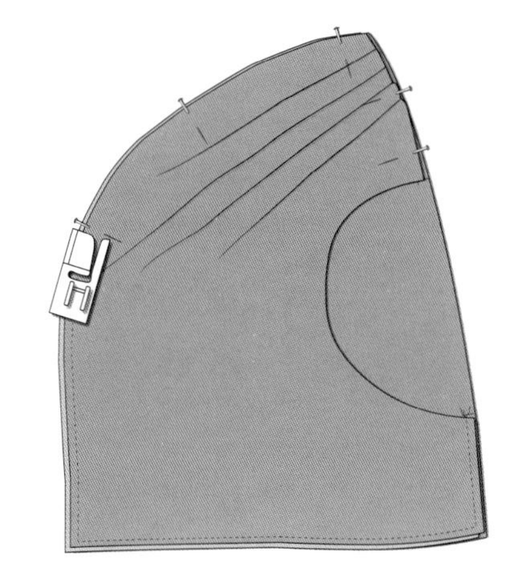

步骤15

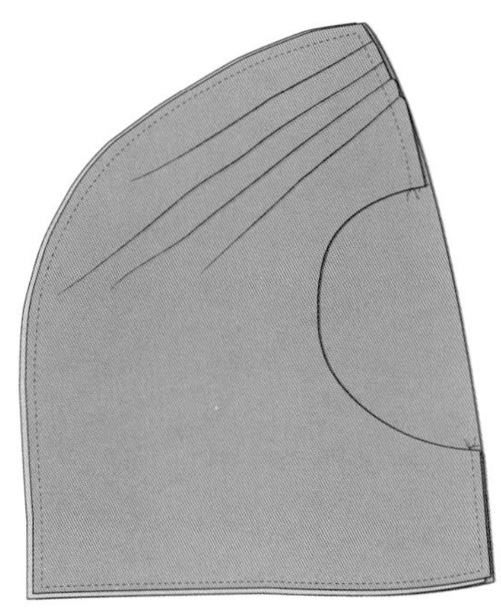

口袋完成

> **设计挑战**
>
> 设计一件通过高级女装技艺集成口袋的服装，展示你的过程并探索变化。尝试使用天然纤维（丝绸、羊毛等）结合高端织物的表面设计，如珠子织物和点缀网的织物。尝试不同的衬里、支撑材料和闭合方式。

别具特色的学生作品

设计师：加卡 · 努尔（Jakia Nur），2018年，雪城大学时装设计系

项目描述

项目任务是用毛毡制作一件外套，这种材料无法通过立体裁剪来进行处理。在设计流程方面，我经历了几次设计，直到得到了最终的设计。我想创造一些不同的东西，这将具有很强的视觉冲击力。我从小就对孔雀感兴趣，特别是雄性孔雀，并渴望亲眼见到。从鲜艳的色彩到优美的动态，这种生物非常奇妙。在我12岁的时候，我第一次见到孔雀，那时我妈妈带我和我的兄弟姐妹去了动物园，孔雀那鲜艳的色彩和优雅的动态令人着迷。因此，我选择将两只孔雀的图像缠绕在我的外套上，从前片环绕到背后。

图43～图45 孔雀大衣

首先，我把孔雀按照我想要的比例画在厚纸板上。然后，挑选出在我的外套上可以体现孔雀的所有不同色彩的毛毡，蓝色的身体，红色和黄色的阴影、羽毛、喙，以及眼睛周围的绿色、黄色、金色、浅蓝色等。根据自己的喜好完善图样，并挑选出喜欢的色彩后，我从阴影、羽毛、眼睛等细节开始把孔雀的各个部分一一剪出来。然后，我把这些小片放在我的织物上进行色彩选择，并裁剪下来。我先创造出孔雀的身体，然后将其用大头针固定在我的外套上。

就羽毛而言，它会有几层不同的形状和大小，以创造出深度感，并获得一个更逼真的外观。当把所有的层都剪下来后，我把它们彼此重叠排列，然后用大头针固定在我已经用红色毛毡材料缝制好的外套上。

我看着我的外套，等着将孔雀缝上去。我打量着孔雀的身体部分，并考虑通过把孔雀变成一个口袋来增加孔雀身体部分的体量。为此，我把所有的羽毛都缝上，而孔雀的身体部分只缝了底部、脖颈和头的顶部，留下一个开口在顶部。孔雀身体的位置和站立方式都很适合口袋的设置。为了完成它，我增加了一个大纽扣以在需要的时候可以闭合外套。我用较小的纽扣与较大的纽扣搭配使用，将较小的纽扣作为孔雀的眼睛，以完美的细节使得服装和图像融为一个整体。我还在两个袖子上加了孔雀羽毛，以把所有东西都联系在一起。外套本身的风格是简洁的平驳头领大衣，可以避免分散人们对孔雀本身的关注。外套的主要面料被选为红色，因为它与孔雀的其他颜色最匹配。

第7章　成衣的口袋

图1　山本耀司（Yohji Yamamoto）巴黎时装周，2017春夏女装
彼得罗·达普拉诺（Pietro D'aprano）/盖蒂图片提供

正面冲击

本章侧重于当前成衣时尚如何使用口袋作为设计细节，并受到各种参考的影响，如历史、文化、功能等。

鉴于口袋拥有各种各样的结构细节，成衣设计师必须在通过口袋来增加价值和增加制造成本之间不断做出选择。即便穿着者能有携带其小型电子产品的优点，但是口袋的实用部分已不再是主要考虑因素。因此，口袋要么被夸大，但是其设计影响旨在不忽略其功能的前提下，凸显品牌的识别度；要么是“假的”，没有口袋布，仅仅出于审美考虑予以设置。

从20世纪70年代初到目前的T台风貌，笔者找了一些在穿着者身体的不同部位设置口袋的案例来讨论。

夹克和外套等服装通常使用口袋作为平衡设计元素，运用图案、闭合方式和比例来强调胸部和臀部区域。

图2 比尔·布拉斯（Bill Blass）夹克的特色是上部有一个假口袋，作为下部贴袋的超大袋盖。如果在底部添加明缉线，上部的“假”口袋很容易变得具有功能性，但该线迹会打乱设计的整体感，因此为了美观而牺牲了功能性

雪城大学苏·安·吉奈特服装收藏

图3 比尔·布拉斯的另一件作品显然使用贴袋作为对比设计元素。这些口袋也是具有功能性的，它们都拥有高级女装结构，带有衬里并且通过手缝线迹缝到外套上

雪城大学苏·安·吉奈特服装收藏

图4 科诺菲尔/梅尔（Conover/Mayer）1994年系列的这款夹克采用将口袋加长的细节作为胸部区域的焦点和强调元素。极具阳刚感的羊毛面料和带有扣袢的经典双嵌线口袋与口袋下的胸前省道的柔美造型形成了创造性的对比效果。口袋布的封闭线迹使得口袋外观干净，但是结构具有挑战性

雪城大学苏·安·吉奈特服装收藏

图5 2017年纽约时装周男装展示期间，模特在拉夫·西蒙（Raf Simons）时装秀上展示。加大的胸袋还通过条纹图案在对比区域创造焦点

杰米·麦卡锡（Jamie McCarthy）/盖蒂图片提供

结构设计挑战：圆形贴袋

在这个例子中，具有女性化特点的面料需要同样具有女性化特点的设计方法来处理位于腰部以下的口袋。

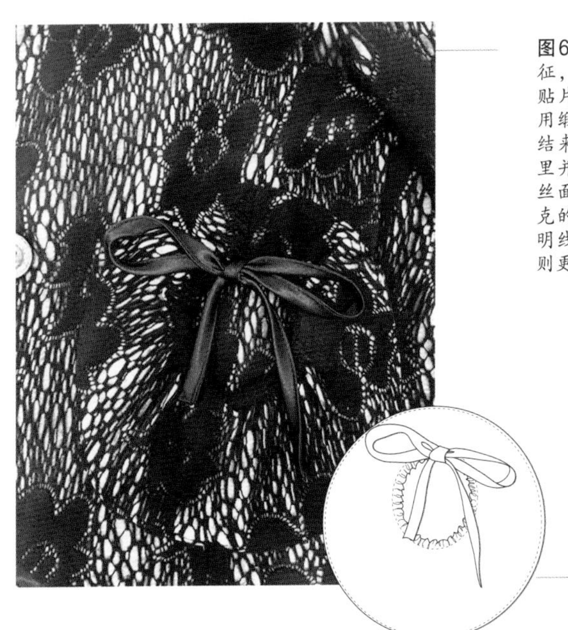

图6 贴袋结构具有立体特征，圆形口袋开口位于圆形贴片中间，通过将圆形贴片用缎面带子抽缩成大号蝴蝶结来增加立体感。贴袋有衬里并以明线缝在夹克上。蕾丝面料隐藏了明线。如果夹克的面料是纯色图案，那么明线会更显眼，而手缝暗袋则更合适

图7 蝴蝶结平面款式图

带有插片和袋盖的贴袋的实用性参考会因为使用厚重的面料而被夸大，从而改变外套或夹克的廓型。没有明线就可以进一步增强厚边。

柔软实用的细节可以形成口袋区域的强调效果，并通过运用褶裥这样的立体细节来改变服装的造型。口袋的轮廓使用绲边和嵌线也是有效果的。

图8 Y-3秀场，巴黎时装周，2017年春夏男装。分层贴袋作为纹理细节和轮廓装饰

维克多·维吉尔（Victor Virgile）/盖蒂图片提供

图9 芬迪（Fendi）秀场，米兰时装周，2017年春夏

维克多·维吉尔/盖蒂图片提供

臀部焦点

对于裙子和裤子等单品服装，除了基本廓型，臀部区域的口袋还可以带来附加设计价值。20世纪40年代的复古服装采用精致而富有创意的口袋处理细节。

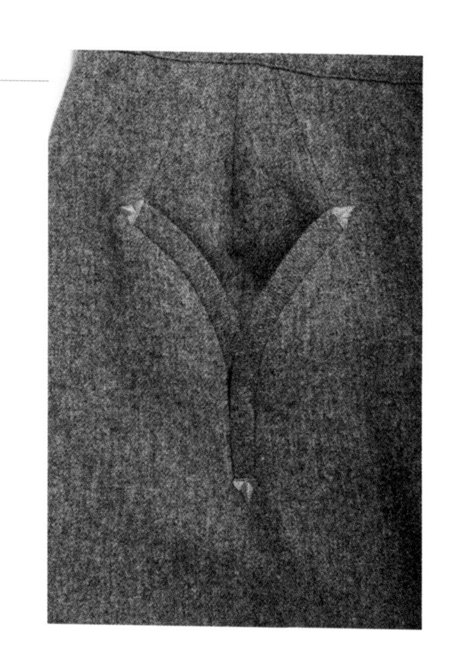

图10 羊毛织物铅笔裙口袋上的精美结构细节。1952年，具有两个单嵌线但彼此重叠的开袋很难以如此完美的方式来完成。通过增加粉红色刺绣细节，如带有箭头造型的塔克褶裥，不仅可以起到美观作用，还可以作为嵌线结构的末端予以加固。有趣的是，腰部的省道是有角度的和易于操作的，以增强口袋的设计感。在外裙层和衬里之间有一个小巧的粉红色丝绸口袋布。黏和衬可以支撑该口袋设置的整个区域周围的织物

雪城大学苏·安·吉奈特服装收藏

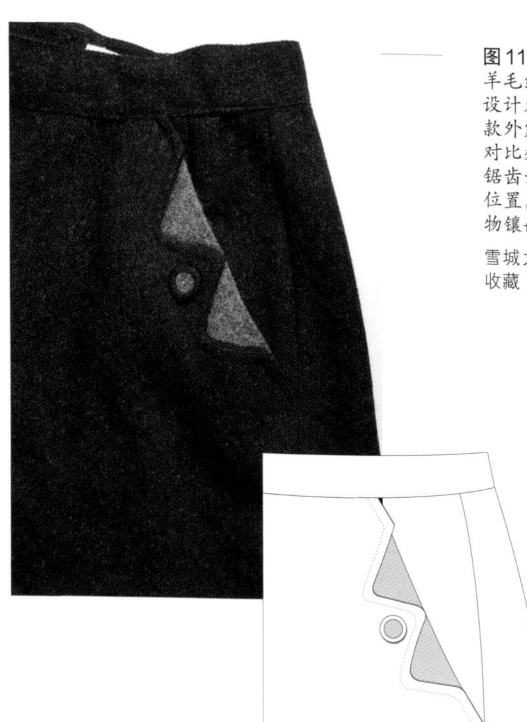

图11 图为1955年左右，羊毛织物A字裙的口袋作为设计元素的另一个例子。这款外露插袋的结构采用具有对比效果的灰色面料，采用锯齿形色块来突出口袋开口位置。此外，通过刺绣和织物镶嵌创造出纽扣的错觉

雪城大学苏·安·吉奈特服装收藏

图12 A字裙插袋平面款式图

图13 这款现代裙子的特色在于口袋的变体，在两个侧缝之间延伸出一个三角形贴片，并提供了两个侧袋，但只有一个口袋布区域。这款口袋的边缘采用具有对比效果的黑色皮条绲边以及25毫米明线进行固定与强调，以与裙摆下摆的结构相匹配。口袋的内衬为黑色轻质面料

雪城大学苏·安·吉奈特服装收藏

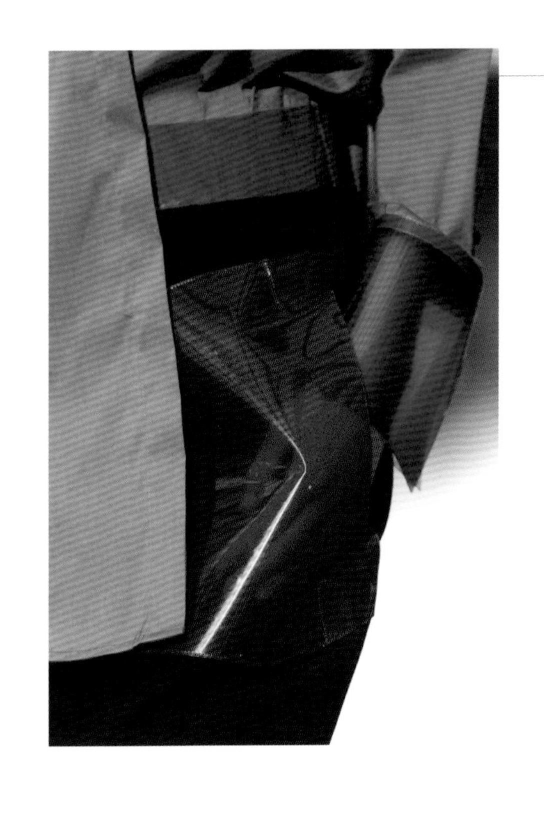

图15 克里斯托弗·凯恩（Christopher Kane）2016年春夏伦敦时装周秀场。这件外套臀部精致的乙烯基口袋的角度设计旨在将穿着者的手作为附加设计元素。口袋干净利落的垂直边缘通过折叠得到加强，顶部和底部的矩形块上的明线是可见的设计细节

特里斯坦·费因斯（Tristan Fewings）/盖蒂图片提供

图14 2014年8月28日，一名模特在斯德哥尔摩举行的2015年春夏时装周阿尔泰·肖弥（Altewai Saome）秀场上。该设计采用对比鲜明的黑色网眼材料的贴袋和拉链开口，位于臀部较低位置，袋盖下方的黑色缘饰为廓型增添了少许的量感，并使得大面积黑色区域的色彩对比变得柔和了许多

安娜·卢·伦德霍尔姆（Anna Lu Lundholm）/盖蒂图片提供

图16 詹弗兰科·费雷（Gianfranco Ferre），2000年夏季样式。夸张的几何形状的口袋创造了一个明确的焦点，突出了臀部，并创造出口袋上部被折叠并垂至腰部水平位置以下的错觉，带来额外的休闲风貌。带有开袋开口的贴袋结构需要额外的可以起到支撑作用的贴边，以使织物保持坚挺并保持臀部外侧的几何剪裁造型

布鲁姆斯伯里出版公司/摄影师尼尔·恩科英讷内（Niall NcInerney）

结构设计挑战：三角形暗袋

口袋在为大衣增加功能性的同时，还可以提供增加结构细节的机会，而不会以明显的大口袋作为设计元素。

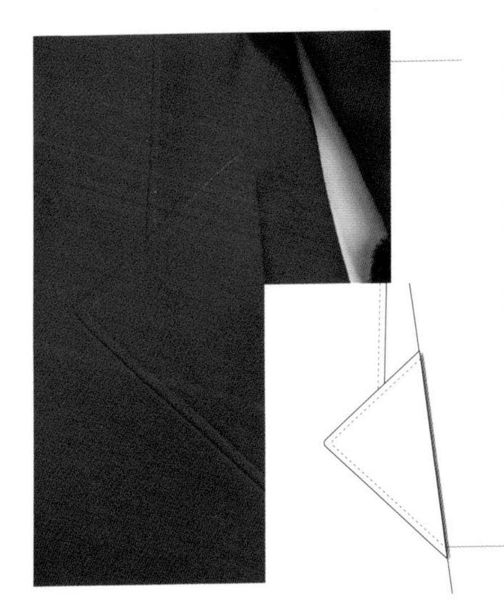

图17 带有一个三角形口袋布的隐形插袋，通过两排明线缝制到外套上。这种厚重面料的精致细节强调了口袋的位置，同时在臀部为外套增添了迷人的线条。为了防止口袋开口的拉伸，可以用贴边来加固

雪城大学苏·安·吉奈特服装收藏

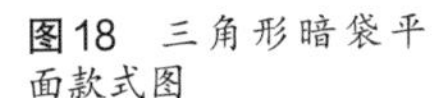

图18 三角形暗袋平面款式图

图19 克罗麦特（Chromat）2015年春夏时装秀方案。这款设计中的3D口袋可以发光，在黑暗中也可以看见

JP.伊米（JP Yim）/盖蒂图片提供

背部焦点

带有较大插片的实用口袋是增强廓型设计的理想选择，因此夹克和外套的背部有时会吸引设计师的兴趣。

图20 让·保罗·高缇耶（Jean Paul Gaultier），1992年秋冬

布鲁姆斯伯里出版公司/摄影师尼尔·恩科英讷内（Niall NcInerney）

图21 芬迪（Fendi）秀场2017年春夏米兰时装周。这些皮革条纹使裤子膝盖处的工装口袋变得柔和起来，毫无疑问，这些口袋增加了膝盖区域的体量感

埃斯特罗普（Estrop）/盖蒂图片提供

访谈1
艾米，超模

二十多年来，作为时尚界的领军人物，艾米（Emme）是世界上第一个标志性的曲线超模。艾米坚信美丽来自各种形态和体型，为女性铺平了道路，并为女性提供了感受美丽和力量的平台。作为名人、模特、妈妈、作家、品牌代言人、服装品牌创意总监、癌症幸存者、讲师和全球公认的引导人们积极认识身体形象的女性倡导者，艾米的信息很明确——《唤醒我们每个人心中的伟大，合而为一》。她以提高公众对饮食和身体形象障碍的认识为使命。

图22　艾米

您是如何对时尚产生兴趣的，您目前的职业活动是什么？

当我离开亚利桑那州弗拉格斯塔夫的报道生涯并在一家房地产公司的临时办公室担任营销总监时，我就进入了时尚领域……我打电话给一家机构，该机构在飞机杂志上发表了一篇宣传全体型模特的文章……我当下就签名并从那里拿走了它。现在，我是一名持续创业者、作家，具有模特拍摄形象大片的基础，并且成为电视新闻媒体的身体形象专家。

在您看来，作为时尚消费者和设计师，口袋在服装中有多重要？

女性喜欢裙子、束腰外衣，以及外套中的口袋。我们有些小物品，这些小物品需要就近获取。如果没有口袋，我就不知道要把我的信用卡、润唇膏等物品放在哪里！

服装如何影响口袋设计？

没有口袋都一样。面料的结构和服装的设计决定了口袋应该在何处以及如何设置。

口袋的形式和功能有什么关系？

口袋的形式和功能取决于穿着服装的人。对我来说，我喜欢有一个可以放手的地方，有时是作为一种姿态，有时是一种收纳物品的功能。

设计较大尺寸的服装细节（如口袋）时有哪些挑战？

女性体型越高大，口袋似乎也应该与之相适应，其实不然。口袋的位置，尤其是在牛仔裤的后口袋，可以提升和增强女性优美的臀部曲线，而随意的口袋会使她看起来好像重了5千克左右或使其吸引力减弱，这肯定会阻碍销售。

您认为口袋会根据性别或体型有所区分吗？这个概念是否在市场上有所演进？

我看到了超越体型、年龄或性别的口袋的需求和用途。

您还有什么要补充的吗？

当我的上衣、连衣裙或夹克没有口袋时，我总会觉得缺少了点什么。当口袋缺失或被放错位置，缺乏平衡、比例或美感时，我就不会买了。

访谈2

瑞贝卡·贝林特（Rebecca Billante），自有品牌资深针织服装设计师

您是如何对时尚产生兴趣的，您目前的职业活动是什么？

我已经在诺德斯特龙（Nordstrom）工作了四年。我目前的工作包括研究流行趋势、设计色彩方案、开发图案纹样、绘制设计图，以及裁剪、缝制针织品等。我每天与产品开发人员和工艺设计师一起工作，每周试衣，并向我们的采购商和买手展示系列、想法和设计。

在幼年时期，我总是在素描、着色、油画、陶瓷和为我的芭比娃娃做造型等过程中被艺术表达所吸引。随着年龄的增长，我知道我需要从事与艺术相关的职业，但不太确定如何去做。我在希彭斯堡大学学习商业时，选择辅修艺术。通过希彭斯堡大学出色的艺术系，我结识了一群充满激情、智慧的教授。通过这些联系，我看到了成为一名创意领域专业人士的可能性。很长一段时间以来，我曾特别地幻想成为一名时装设计师，但对于追求，对于我所认为的令人生畏且可能是不可能实现的职业，还是有点自我认知。在与探寻中给予我支持的教师合作之后，我终于申请到德雷塞尔大学（Drexel University），然后我被录取并完成了时装设计硕士学位。

2008年6月从德雷塞尔大学毕业后，我发现自己正处于经济危机的高峰期。凭借勤奋和毅力，我于2008年底在纽约市开始了我在塔吉特（Target）的第一份自有品牌工作。在为自有品牌工作期间，我被派往国外，在2010年至2011年在中国香港有六个月的时间来招聘、发展和壮大我们的离岸产品开发团队和小规模样衣间。然后，在2011年中期我离开了这家自有品牌公司，并接受了纽约市J. 克鲁（J.Crew）总部男式毛衫工艺设计师的工作。在J. 克鲁工作两年后，我离开那里并接受了位于西雅图的诺德斯特龙产品集团（Nordstrom Product Group）的工作，担任他们待定自有品牌的资深针织服装设计师。

针织服装和/或女装的口袋有多重要？以怎样的方式体现？

口袋在毛衫中扮演着重要的角色，最常见于开衫。羊毛衫被视为第三层单品。通常，所有第三层单品都应具有某种类型的口袋。从功能的角度来看，第三层不仅用于增加一层温暖，它们还具有口袋，可以将额外的物品携带在身上，提供一种极大的便利。此外，开衫上的口袋被用作设计细节。它们可以是贴袋、开袋或插袋。贴袋可以做成矩形、圆形或“猪排”造型等。它们为服装提供了附加价值。

口袋的形式和功能有什么关系？

对于开衫，口袋的形式和功能同样重要。从历史上看，开衫是一种非常传统的服装类别。它将设计植根于传统并赋予附加价值，即使是在快时尚中，尤其是在使用嵌线时。嵌线开袋是一种非常传统的老派口袋设计，主要用于男式开衫。话虽如此，如果从美学视角，嵌线开袋或贴袋并不适合特定的服装，而且我们将所有开衫视为第三层服装，没有口袋就缺失了品质，我们就会运用插袋来保持服装的完整性。

设计服装细节（如针织品的口袋）有哪些挑战？

在我看来，设计带有口袋的开衫或针织衫存在一些问题。第一个问题是处理嵌线开袋和插袋。当我们使用特别粗的纱线或编织更大规格的服装时，如果用原本的纱线编织，口袋布会变得非常笨重。很多时候，我们会选择以较细的纱线尺寸编织口袋布，其色彩和品质与服装相当。但我们必须注意，口袋布最多只能比服装小两个规格，否则加工者将无法将口袋布连接到服装上，因为机器有限制。第二个问题是关于以一定角度设置插袋和嵌线开袋的口袋布。由于这些口袋布“悬浮”在服装内部，并且要么侧缝朝向前片中央，要么与嵌线形成一定的角度，因此可见性可能会出现问题。这些口袋布需要一条本色链条将它们固定在服装内的某个位置，以使其在穿着时不可见并固定到位。彻底解决这个问题需要考虑几个变量：侧缝位置、嵌线位置、口袋布形状、口袋布角度、链条位置。一名优秀的工艺设计师在装口袋的过程中会考虑这些因素，并与制造商合作以确保所有这些问题都得到适当解决。

灵感从何而来？

大多数灵感来自传统的位置和形状。就我目前的角色来看，我们不会经常采用矩形贴袋、插袋和传统嵌线开袋。无论是直角的，还是有角度的嵌线开袋，都用本色纱线来织单层全针罗纹捆条。

如何考虑口袋设置？

口袋位置通常根据肩部的高点和前部中央或侧缝来确定。由于前中心线是相对固定的，有些人认为这是一个更真实、准确的测量点，而不是侧缝。侧缝将保持不变，但如果服装的胸宽或臀宽不符合规格，则口袋设置的准确度将低于从前中心线的位置。口袋的宽度和高度通常也是公式化的，但所有这些位置和尺寸将会根据口袋大小的视觉比例和位置与服装的比例关系进行调整。

你认为口袋具有特定的性别倾向吗？这个概念是否在市场上有所演进？

我并不觉得针织服装的口袋是有性别区分的。我认为针织服装口袋的传统和历史，特别是在形状和尺寸方面，更具性别特征，这反过来又会影响设计师的决定和设计。否则，在今天，我并不认为这是基于性别的决定。

结构设计教程

层叠口袋

这种立体裁剪的口袋设计融合了三个不同的口袋，相互重叠，创造了一个层叠效果，提升穿着者的臀部曲线。根据所使用的面料，立体裁剪的整体外观可能看起来不同：轻质的绉缎面料比中等重量的帆布面料更柔软。这种特殊的结构不建议使用较为厚重的织物，然而，立体裁剪的夸张效果，额外增添了丰满感觉，如果使用厚重织物，也会有一定的结构支撑，可以加强口袋位置的设置，也会带来有趣的设计。此教程展示的是在一条用坯布制成的裤子上腰围以下的口袋位置，并使用具有对比效果的黑色线。同样的结构也可以应用在裙子前片。

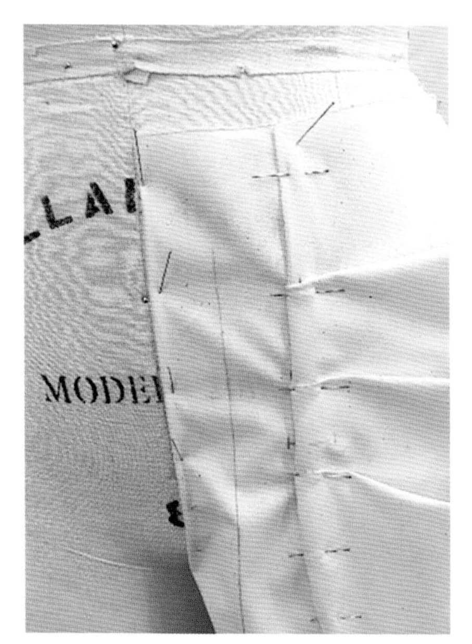

图23　已经完成的具有立体裁剪效果的层叠口袋，从中可以获得纸样

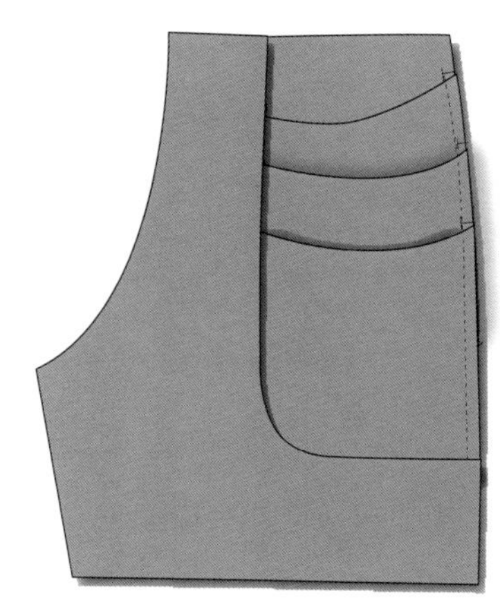

图24　完成装配的口袋

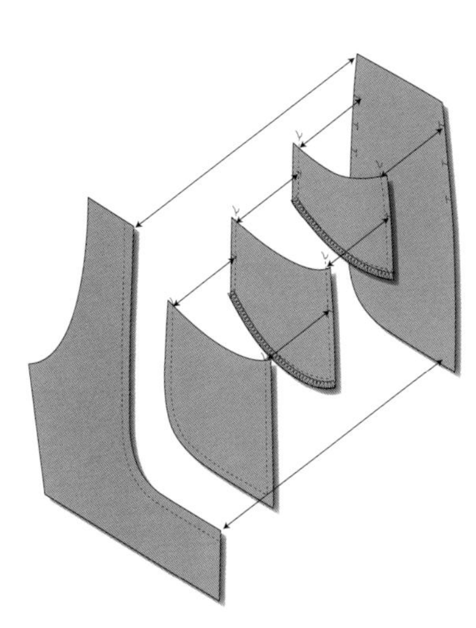

图25　装配部件图示

在人台上进行口袋的立体裁剪，坯布片被平放在桌子上，并将布样上的线迹拓印到纸板上。在纸板周围添加10毫米的缝份余量。小口袋的纸样是通过立体裁剪以斜纱方向打褶获取的，所以纸板上有折叠线。在口袋开口处打剪口，对需要连接的层叠部件的位置予以标记。

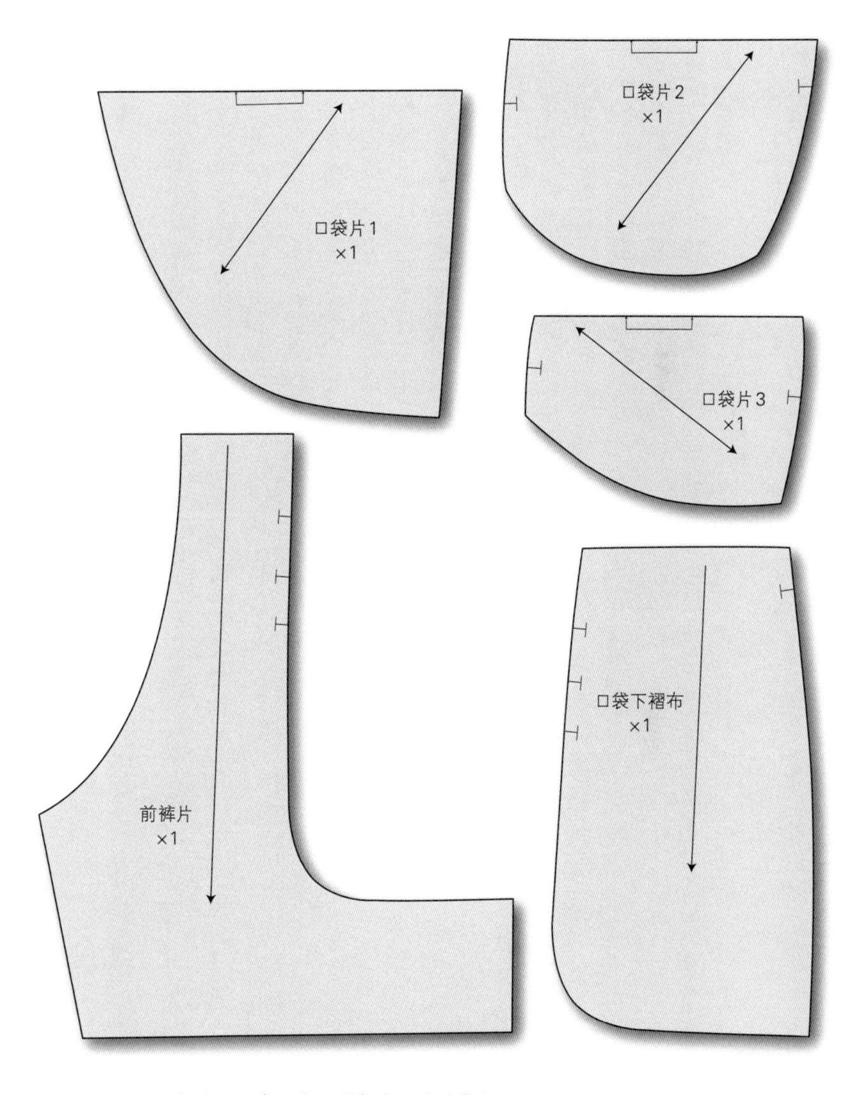

图26 5个纸板部件，所有层叠口袋都要一次性裁出

步骤1

使用纸样将织物进行裁剪后，识别出三个口袋片，并沿着纸样的折叠线打褶。折叠线将会在三个较小口袋的顶部边缘位置，从上到下识别出口袋的顺序。通过锁边线迹将前两个口袋的底部曲线边缘进行缝合。

前两个口袋从上到下已经通过锁边线迹将它们的底部边缘进行了缝合。此时，第三个较大的口袋在顶部边缘打褶。

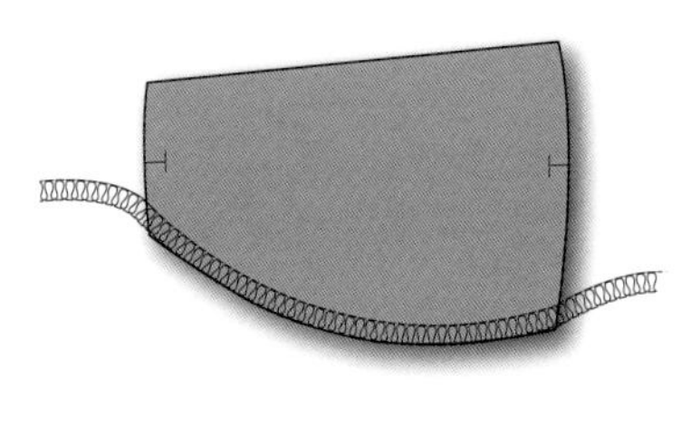

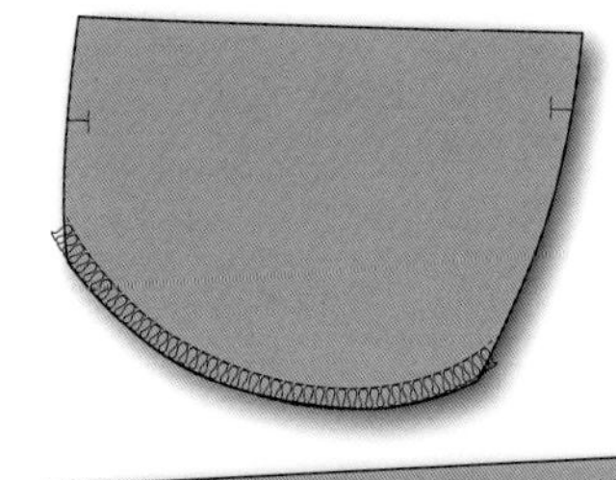

步骤1

步骤2

将第一个口袋（最小的口袋）放在贴片下的口袋顶部，将顶部口袋边缘与前两个剪切口对齐。使用大头针来固定位置。口袋边缘将大于下面的贴片。沿着侧缝对齐口袋，然后将织物的其余部分放平，用大头针固定，织物不能有任何的折叠。

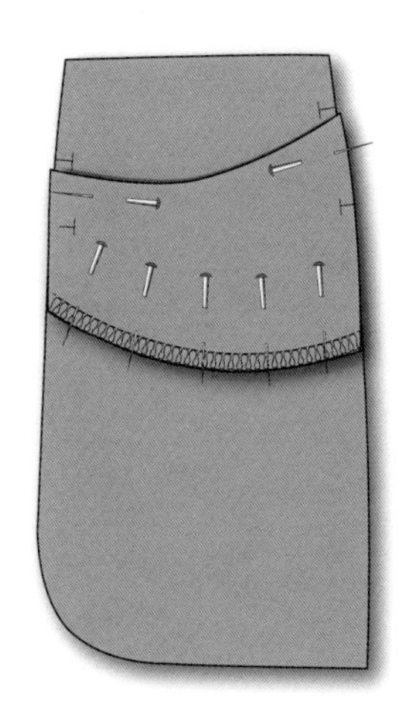

步骤2

步骤3

沿着第一个口袋的轮廓进行缝合，只能有10毫米的缝份余量，但口袋开口的顶边除外。这种线迹在成品口袋中是不会出现的，这就是为什么它被缝得比最初纸样的10毫米缝份余量更接近边缘的缘故。

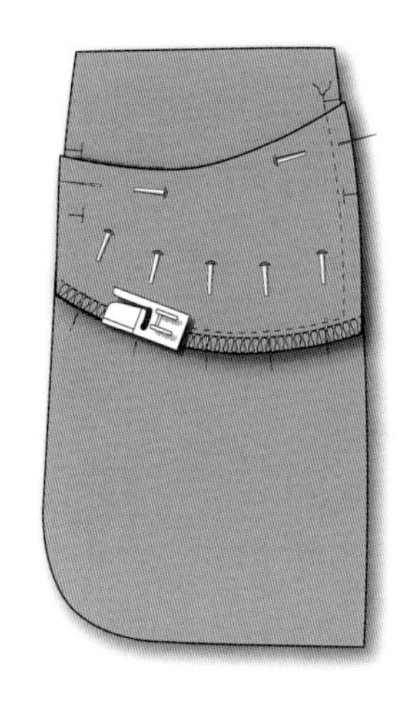

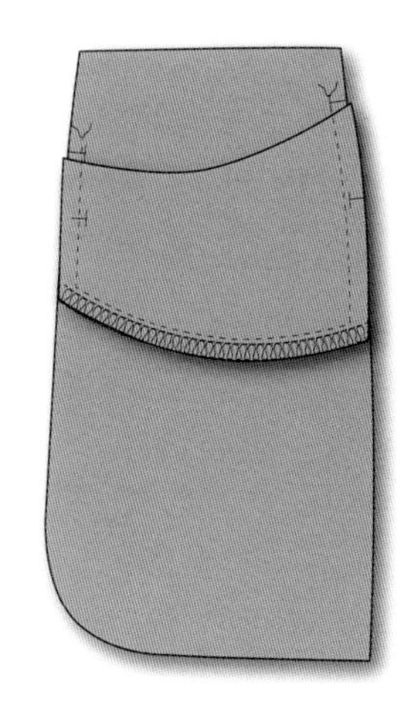

步骤3

步骤4

同样，拿起第二个口袋（中等大小的一个），使其顶部边缘与第一个口袋边缘下的两个剪切口对齐，并使用大头针固定其位置。将垂直边缘与贴片下部对齐，同时允许顶部口袋开口通过立体裁剪获得比底片更大的尺寸。使用大头针将四周固定，除了口袋开口位置。

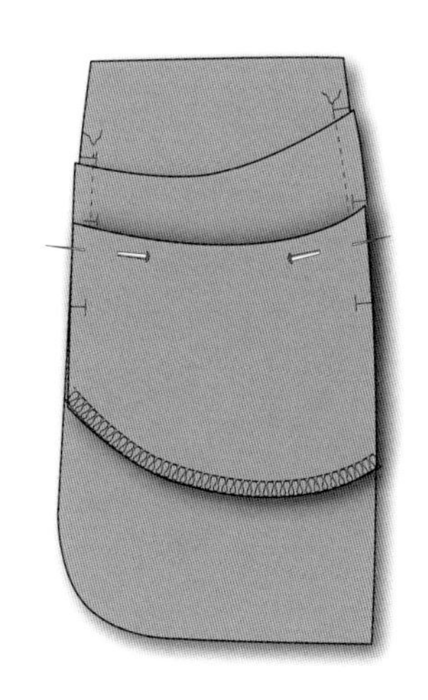

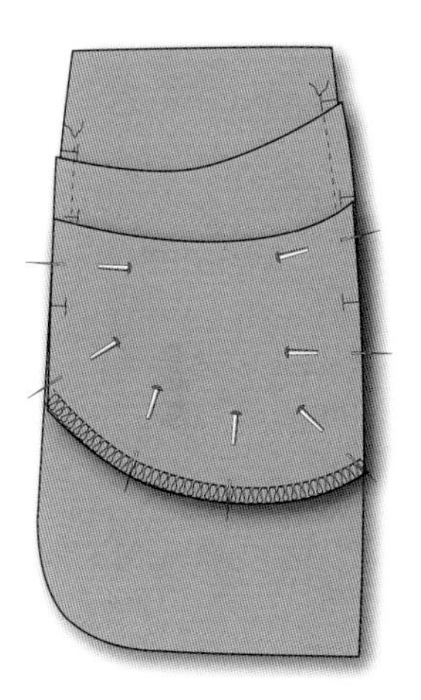

步骤4

步骤5

沿着口袋边缘周围进行缝合，从边缘向里保留5毫米的缝份余量，缝合后取下大头针，但顶部口袋开口边缘处除外。

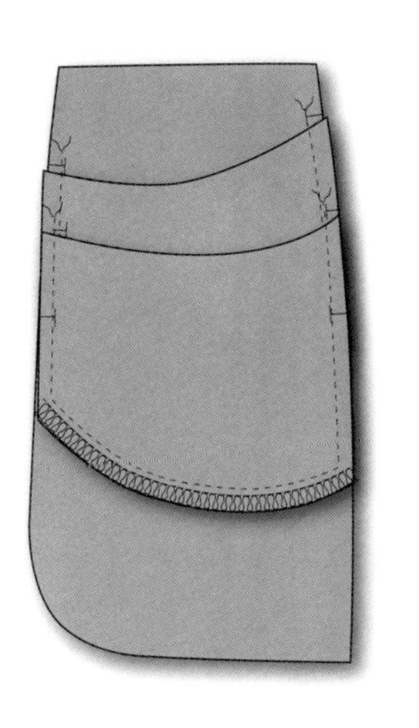

步骤5

步骤6

拿起最后一个口袋（最大的口袋），并将其折叠的顶边与先前缝制的口袋边缘下的两个剪切口排列对齐。

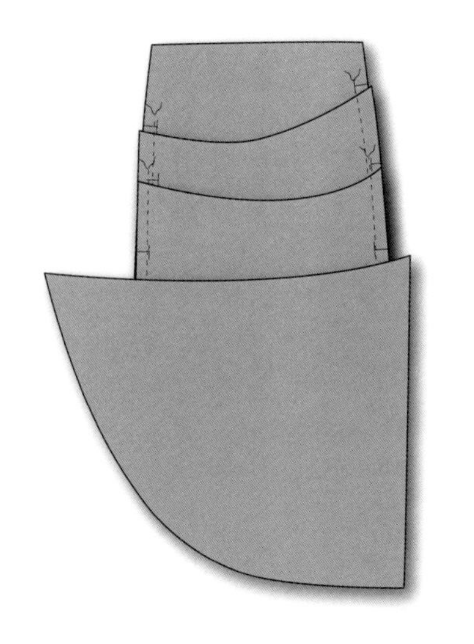

步骤6

步骤7

与之前的步骤一样，将垂直边缘与底片对齐，并使用大头针将四周进行固定。这个口袋有最大的膨出量，所以它的顶部边缘甚至比底片更大。

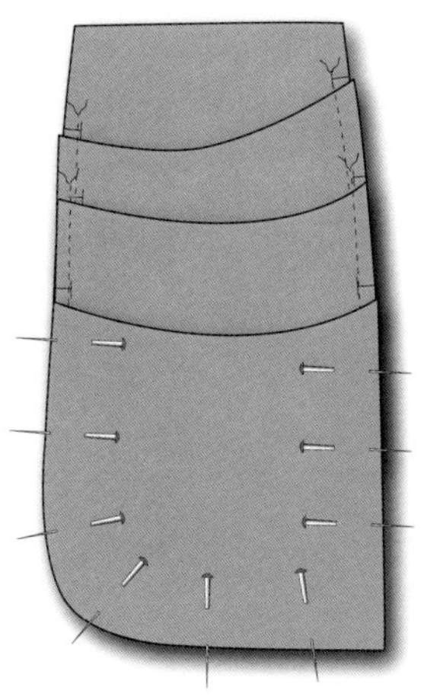

步骤7

步骤8

从边缘向里约10毫米的距离缝合，缝合后移除大头针。

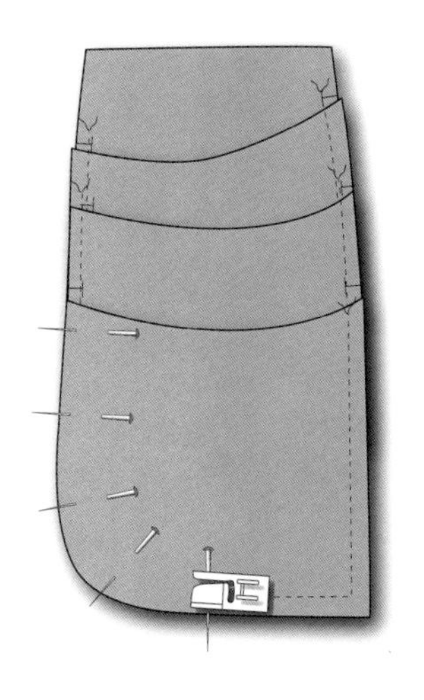

步骤8

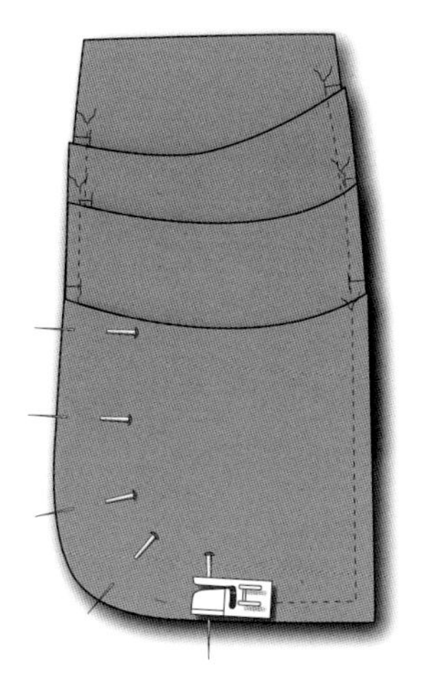

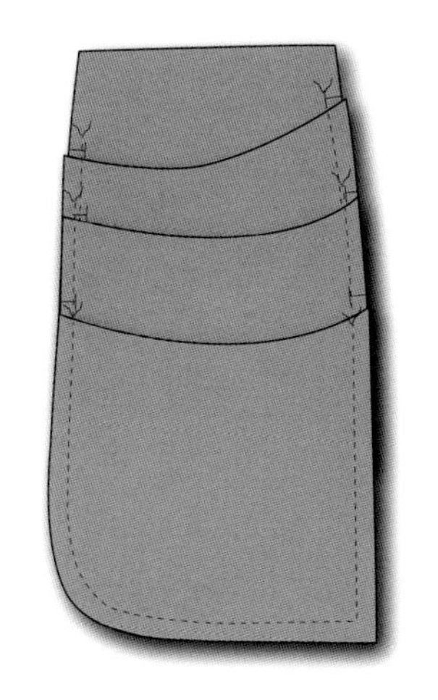

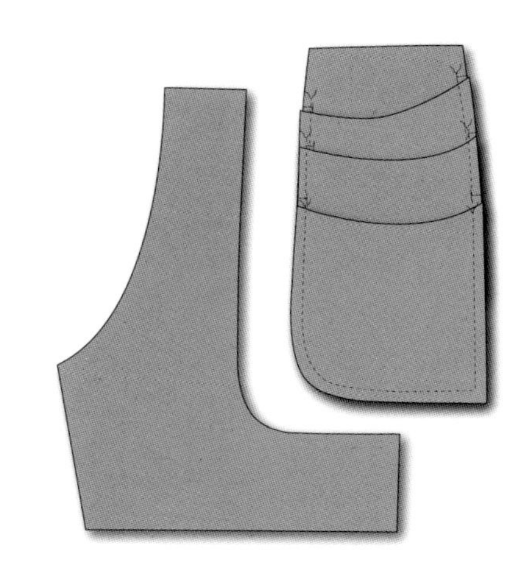

步骤9

步骤9

拿起主板纸样（裤片），并与已经完成的层叠口袋片对齐。检查是否合适。这将是服装的前片。您需要将层叠口袋的布片插入裤片的曲线开口中。在反面完成缝合。

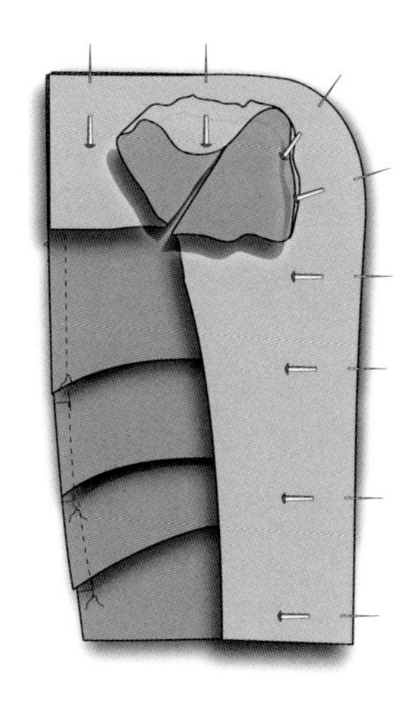

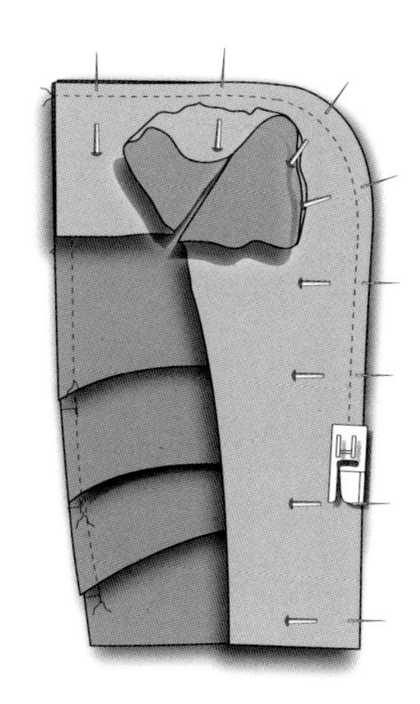

步骤10

步骤 10

将插入的布片与裤片对齐，彼此正面对正面，从侧缝固定到两块布片反面的腰部上部边缘。距离原始边缘约10毫米缝份余量进行缝合，在开始和结束部位打回针，以加固。

步骤11

在最圆润部分的缝份处打剪口，确保不会把缝迹线剪开。

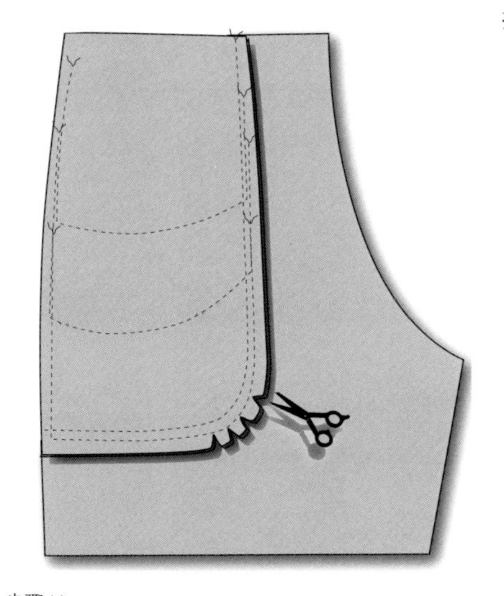

步骤11

步骤12

使用锁边机，将刚刚剪切过的同一条缝份，从腰部边缘到侧缝，将层叠口袋与插入布片缝合在一起。

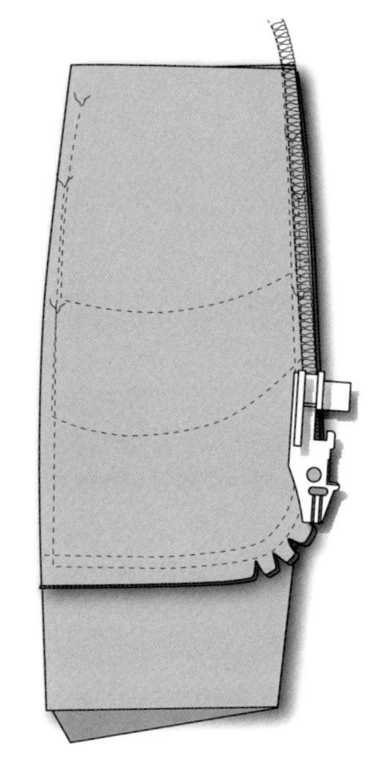

步骤12

步骤13

确保插入布片的缝份光滑，织物没有抽褶或褶皱。用熨斗压平缝份。根据整体服装的面料和设计，在此缝份处的明线也有助于将缝份熨平，但它也将使插入片更显眼。

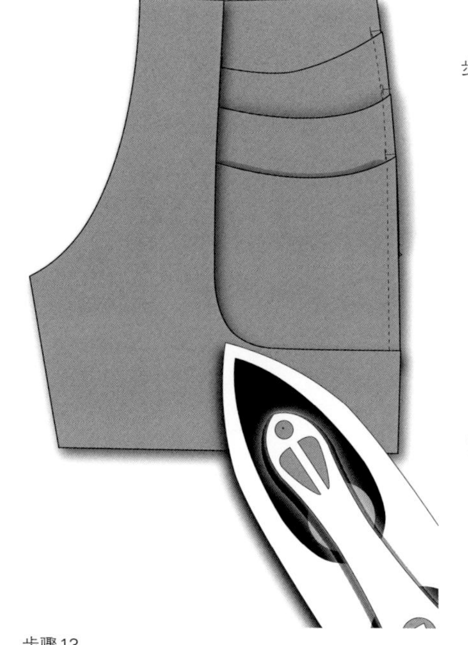

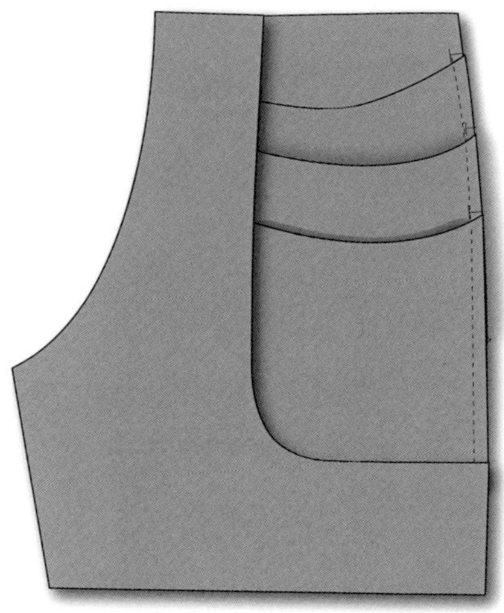

步骤13

设计挑战1

设计一个成衣外观，使用口袋作为设计细节。展示流程并解释概念。

别具特色的学生作品1

设计师：艾瑞卡 · 雷莱亚（Erika Relyea），2018年，特拉华大学时尚与服装研究系

项目描述

这款服装的灵感来自一个受变异病毒感染的“地下宇宙”。这种设计所反映的是检疫失败的情况，病毒开始渗入衣服和皮肤层。随着面料的叠加，结构细节变得更加明显。

图27 概念草图

口袋设计流程

这个口袋的形状在形式上是实用的，但在面料使用上是非常规的。自19世纪末以来，这种贴袋设计最常出现在牛仔裤中。口袋由轻质尼龙组成，由尼龙网支撑，通过明线缝到人体上。

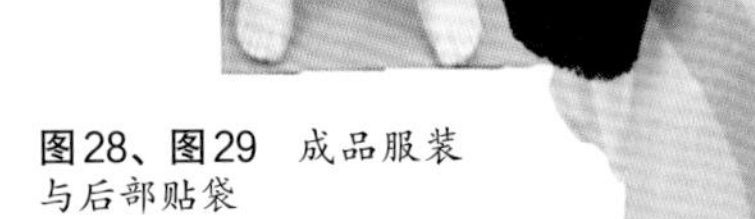

图28、图29 成品服装与后部贴袋

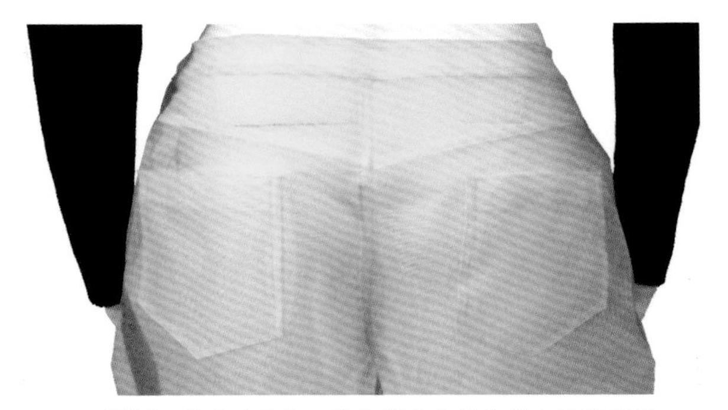

图30 裤子后部和口袋细节都是经典的牛仔裤廓型，增加了红色贴布的结构复杂性

设计挑战2

以口袋作为主要特色，设计一个升级再造的服装。描述你的设计依据。

别具特色的学生作品2

设计师：塞拉·贝内代托-布劳伊莱特（Sierra Benedetto-Brouillet），2019年，雪城大学时装设计系

项目描述

对于这个循环再利用项目，我不得不从旧货店或我自己的衣橱里找到旧衣服，并重新设计成新的东西。我制作的裙子最初是一条长度及地的花裙和一条裤子。我把裙子剪成迷你长度，用剩下的底部制作披肩。我想以某种方式将裤子融入裙子中，同时利用它现有的部分，如拉链和口袋前片、腰带和后袋。后袋变成了裙子上的贴袋，我将带有拉链和侧口袋的裤子前片放在裙子上，偏离中心。这就在裙子上形成了口袋：虽然非常规，它们仍然具有功能性，一个在一侧，另一个更像是一个后袋。我想使用现有的部分服装，并以一种新的不寻常的方式运用它们。

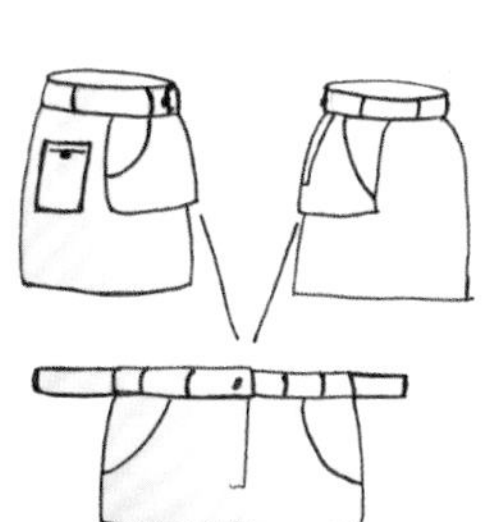

图31、图32　最初的服装和设计草图

图33　循环再利用的裙子前片

结论

如前几章所示，口袋不仅可以增加服装整体的美感，而且具有这种功能特征可以延长服装的生命周期。就传统男装而言，几乎全部围绕口袋进行设计，男士们常常会为了寻找实用细节而购买一件服装。作为一个明显的成本项目，快时尚潮流导致了口袋的消减。此外，口袋的内容可以创造性地转化为整体的原创时尚风貌，作为传达个性和社会信息的一种方式。

津村（Kosuke）的“终极避难所”（Final Home）外套拥有40多个口袋，代表了设计师的理念，即服装最终可以成为家。通过在口袋里装满报纸，可以在户外保暖；通过将垫子插入口袋，可以将外套变成适合观看户外运动的服装。这件服装虽然是1994年制造的，但其体现了产品背后的一个更深层次的概念，即对社会问题和可持续发展的认识，目前处于时尚行业的前沿。

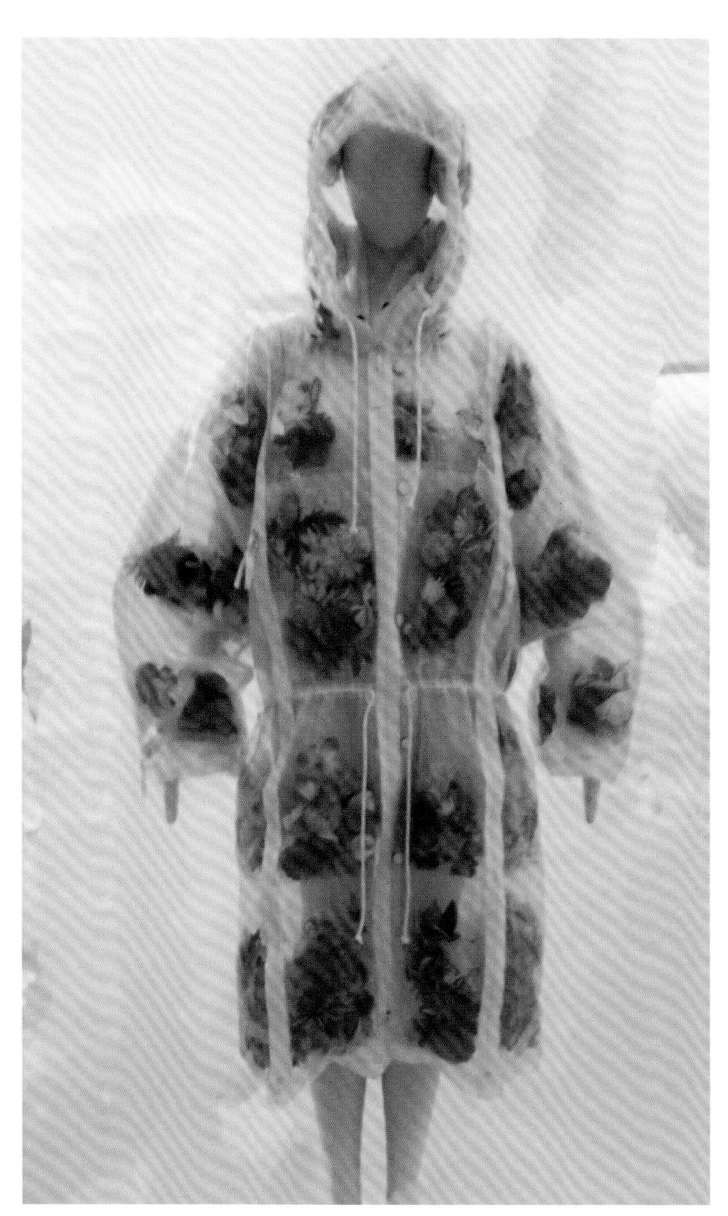

图1 由津村耕佑（Kosuke Tsumura）设计的“终极避难所”，用透明尼龙制成，里面填充着鲜花

设计师提供

词汇表

回针（Backstitching）：向后缝几针，以固定线迹末端。

套结（Bar tack）：6毫米长的一排小而密集的锯齿形线迹。

假缝、擦缝（Baste）：用手缝或机缝以大针脚暂时将多层织物固定在一起。

斜裁（Bias）：以与经纱或者纬纱成45度角的方式裁剪织物。

绲边（Binding）：在需要整理的边缘周围用折叠布条来进行整理。

暗缝（Blind stitch）：将织物层缝合在一起的小针迹，通常是在下摆，在外面一层是看不见的。

剪口（Clips）：在织物边缘剪断一点，以作记号，如口袋开口或减少卷边时的缝份。

卷边（Edge stitching）：尽可能靠近缝边的明线，大约16毫米。

纱向（Grain）：梭织织物中的纱线方向，既可以是纵向，也可以是横向。

磨损（Ravel）：磨损。

布边（Selvage）：梭织织物经过整理后的边缘，与纵向纱向平行。

拷边机、锁边机（Serger）：一种能在织物的边缘上形成一个锁缝线迹的缝纫机，并同时修剪边缘。

撬边（Understitching）：用手缝或机缝的方式将贴边与缝份缝在一起。

附录：口袋平面款式图

第1章　概述

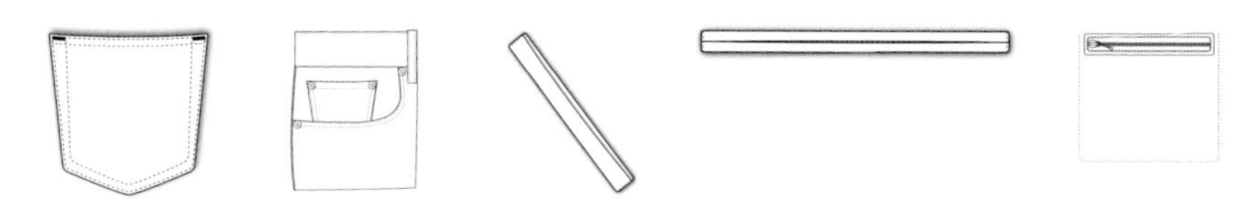

第2章　历史的透视

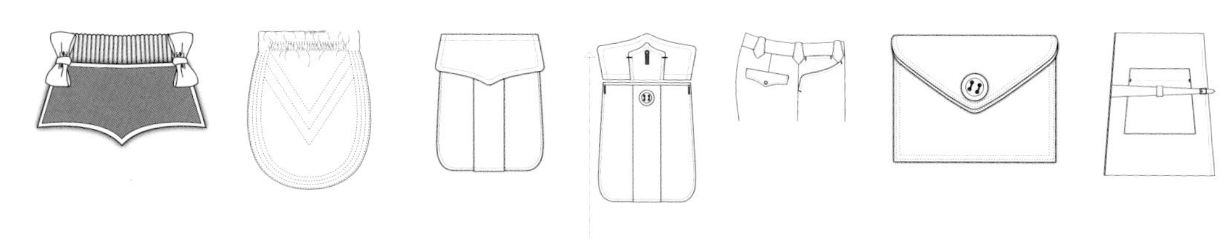

第3章　文化类服装的口袋

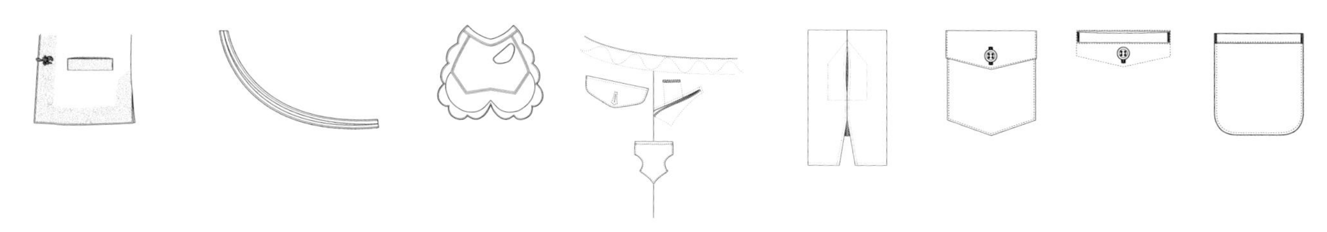

第4章　功能性服装的口袋

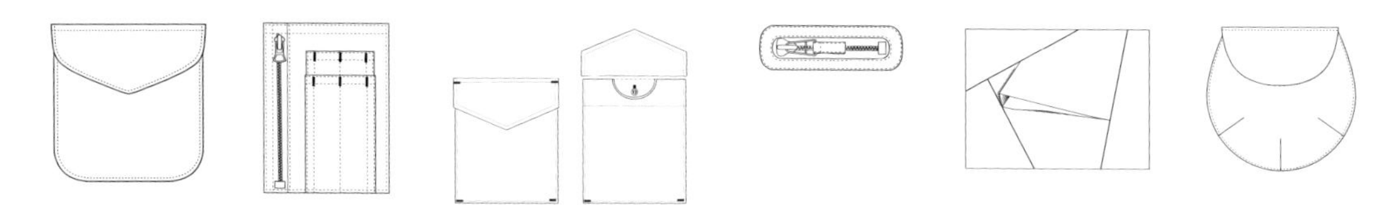

第5章　运动服装的口袋

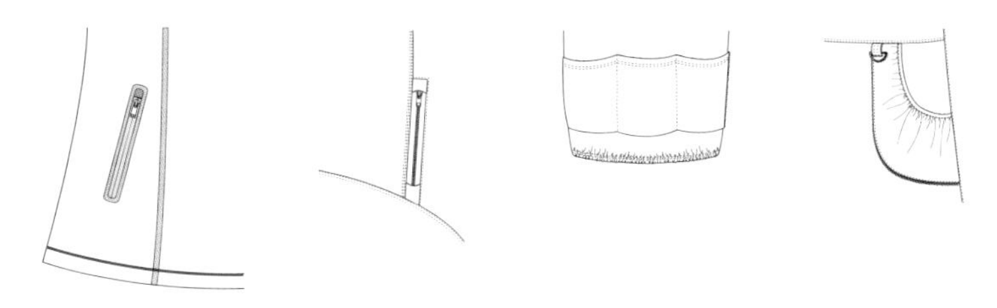

第6章　高级女装的口袋

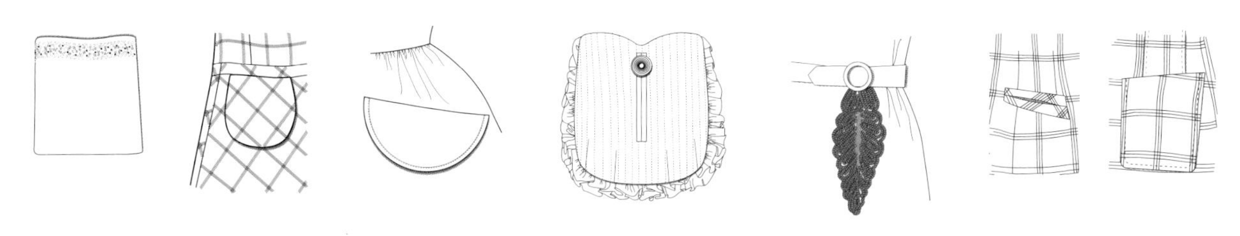

第7章　成衣的口袋

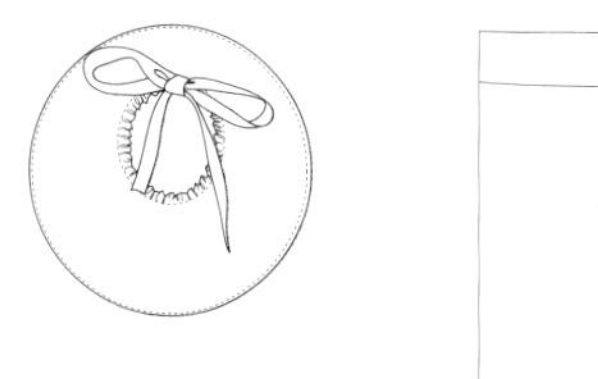

致谢

向以下为本书的出版做出贡献的同仁致以特别鸣谢：

詹弗瑞·梅尔（Jeffrey Mayer），苏·安·吉奈特时尚系的教授和策展人，雪城大学

达里尔·洛佩兹-吉都诗（Dilia López-Gydosh），博士，历史服装和纺织系指导教师，特拉华大学

托德·康诺弗（Todd Conover），副教授，雪城大学

斯黛芬·萨托利（Stephen Sartori），摄影师，雪城大学

玛丽·卡斯普利兹耶克（Mary Kasprzyk），视频编辑，雪城大学

希恩·霍斯福德（Seán Horsford），视频制作，雪城大学

学生参与者：

米凯拉·杜布雷伊尔（Mikayla DuBreuil），特拉华大学，美国

丹尼勒·杜巴耶-贝特斯（Daniell Dubay-Betters），特拉华大学，美国

朱思睿（Sirui Zhu），特拉华大学，美国

琳达·阿弗莱特尼（Lida Aflatoony），密苏里大学（University of Missouri），美国

玛丽莎·玛泽拉（Marissa Mazzella），特拉华大学，美国

加卡·努尔（Jakia Nur），雪城大学，美国

艾瑞卡·雷莱亚（Erika Relyea），特拉华大学，美国

赛拉·贝内代托-布劳伊莱特（Sierra Benedetto-Brouillet），雪城大学，美国

访谈者：

乔纳森·沃尔福德（Jonathan Walford），历史学家和策展人，时装历史博物馆，加拿大

布里安娜·普卢默（Brianna Plummer），副教授，布法罗州立学院，美国

阿米特·阿格瓦尔（Amit Aggarwal），时尚设计师，印度

斯蒂夫·克拉申·维莱加斯（Steve “Krash” Vilegas），尤尼克雷凯尔特品牌（Utilikilts）的设计师兼创始人

特拉雷·潘尼克（Tracey Panek），历史学家，李维·施特劳斯公司（Levi Strauss & Co.）

梅勒妮·梅斯兰妮（Melanie Maslany），为阿迪达斯数字化运动装未来公司工作的产品研发者

克里斯汀·莫里斯（Kristen Morris），博士，助理教授，密苏里大学，美国

奥布里·锡克（Aubrey Shick），时尚设计师；奥利加米·罗伯托克（Origami Robotics）公司的创建者和CEO

乔治斯·霍贝卡（Georges Hobeika），高级女装设计师，巴黎，法国

艾米（Emme），超模

瑞贝卡·贝林特（Rebecca Billante），资深针织服装设计师，诺德斯特龙产品集团（Nordstrom Product Group），美国